Sophie Bundtzen

Externe Kontrolle plastidärer Genexpression in Tabak

Sophie Bundtzen

Externe Kontrolle plastidärer Genexpression in Tabak

Südwestdeutscher Verlag für Hochschulschriften

Imprint

Any brand names and product names mentioned in this book are subject to trademark, brand or patent protection and are trademarks or registered trademarks of their respective holders. The use of brand names, product names, common names, trade names, product descriptions etc. even without a particular marking in this work is in no way to be construed to mean that such names may be regarded as unrestricted in respect of trademark and brand protection legislation and could thus be used by anyone.

Cover image: www.ingimage.com

Publisher:
Südwestdeutscher Verlag für Hochschulschriften
is a trademark of
Dodo Books Indian Ocean Ltd., member of the OmniScriptum S.R.L Publishing group
str. A.Russo 15, of. 61, Chisinau-2068, Republic of Moldova Europe
Printed at: see last page
ISBN: 978-3-8381-2624-1

Zugl. / Approved by: München, LMU, Diss., 2010

Copyright © Sophie Bundtzen
Copyright © 2011 Dodo Books Indian Ocean Ltd., member of the OmniScriptum S.R.L Publishing group

Inhaltsverzeichnis

Inhaltsverzeichnis		1
Abbildungsverzeichnis		4
Tabellenverzeichnis		5
Abkürzungsverzeichnis		6
1	Zusammenfassung	7
2	**Einleitung**	9
2.1	Plastiden	9
2.2	Plastiden-Gentechnik	11
2.3	Plastidäre Induktionssysteme	14
2.4	Quorum sensing	17
2.5	Transiente Transformation mit Polyethylenglykol	21
2.6	Zielsetzung	23
3	**Material und Methoden**	25
3.1	Chemikalien, Enzyme	25
3.2	Verbrauchsmaterial, Geräte	25
3.3	Software, Datenbanken	26
3.4	Bakterienstämme	27
3.5	Primer, Sonde	27
3.6	Molekularbiologische ‚kits' und DNA-Längenstandards	29
3.7	Vektoren	31
3.8	Medien, Antibiotika	32
3.8.1	Medien für die Pflanzenkultur	32
3.8.2	Medien für Protoplasten	34
3.8.3	Transformationsmedien	37
3.8.4	Medien für Bakterien	38
3.8.5	Antibiotika	39
3.9	Pflanzen-Transformation	39
3.9.1	*In vitro*-Kultur von *Nicotiana tabacum*	39
3.9.2	Protoplasten-Isolation	39

3.9.3	Alginat-Einbettung	40
3.9.4	Transformation mit der biolistischen Methode	41
3.9.5	Transformation mittels PEG (Standardprotokoll)	42
3.9.6	Transformation mittels PEG (optimiertes Protokoll)	43
3.9.7	Herstellung stabiler Plastomtransformanten (Selektionsmarker *aadA*)	44
3.10	Analyse der Transformanten	45
3.10.1	Southern-Analyse	45
3.10.2	Induktionsassay	47
3.10.3	Quantifizierung von GUS	48
3.10.4	Isolation von Plastiden	52
3.10.5	Mikroskopie	54
3.11	Stärkenachweis in Blättern	55
3.12	Herstellung rekombinanter Plasmide	56
3.12.1	Molekularbiologische Standardmethoden	56
3.12.2	Sequenzierung	61
3.12.3	Hitzeschock-Transformation von Bakterien	61
3.12.4	Isolierung von Plasmid-DNA	61
3.13	Isolierung von genomischer DNA	62
3.13.1	DNA-Isolation aus *Vibrio fischeri*	62
3.13.2	DNA-Isolation aus Pflanzen	63
4	**Ergebnisse**	**64**
4.1	Transientes Expressionssystem in Plastiden	64
4.1.1	Optimierung der PEG-Methode	64
4.1.2	Lokalisation der GUS-Expression	70
4.2	Entwicklung des plastidären Induktionssystems	85
4.2.1	Herstellung der Induktionsvektoren	90
4.2.2	Analyse der Transformanten	95
4.2.3	Induktion der GUS-Expression	100
5	**Diskussion**	**103**
5.1	Transientes Expressionssystem in Plastiden	103
5.1.1	Analyse des Expressionsortes mittels Zellfraktionierung	103
5.1.2	Weitere Methoden zum Nachweis des Expressionsortes	105

5.1.3	Optimierung der Transformationsrate	107
5.1.4	Erhöhung der Expressionsrate	108
5.1.5	Ausblick	110
5.2	Das *lux*-Regulon als Induktionssystem in Plastiden	110
5.2.1	Integration der Induktionskassette	111
5.2.2	GUS-Expression im nicht induzierten Zustand	113
5.2.3	Eigenschaften des Homoserin-Lactons von *Vibrio fischeri*	115
5.2.4	Aktivität von LuxR und dessen Promotor *PluxR*	116
5.2.5	Kontrollmöglichkeiten der Expression im Grundzustand	118
5.2.6	Evaluation des *lux*-Induktionssystems	118
5.2.7	Ausblick	121

Literaturverzeichnis   **123**

Danksagung   **136**

Abbildungsverzeichnis

Abbildung 1: Tabak-Plastom 10
Abbildung 2: T7-Phagen–RNAP-Kontrollsystem in Pflanzen 16
Abbildung 3: *lac*-Regulationssystem von Mühlbauer und Koop (2005) 17
Abbildung 4: Signalmoleküle bei Gram-negativen Bakterien 19
Abbildung 5: *quorum sensing* in *Vibrio fischeri* 20
Abbildung 6: Vektoren 32
Abbildung 7: Schema des Modells „PDS-1000/ He Biolistic Delivery System" 42
Abbildung 8: DNA-Transfer (Kapillar-Methode) 46
Abbildung 9: Konstruktion zur Plastidenfreisetzung 53
Abbildung 10: Auswirkung der Kulturdauer auf die transiente GUS-Expression 65
Abbildung 11: Einfluss von DMSO auf die transiente Transformation 67
Abbildung 12: Zusatz von Methanol im MUG-Assay, Kultur in F-PCN 69
Abbildung 13: Elektronenmikroskopie von Suspensionszellen und daraus isolierten
    Plastiden 72
Abbildung 14: Stärkenachweis in Blättern von *Nicotiana tabacum* 75
Abbildung 15: Vergleich der Kulturmedien F-PCN/ Mannit-Medium 76
Abbildung 16: Plastiden-Isolation aus transient transformierten Zellen 77
Abbildung 17: Fluoreszenzmikroskopie von Suspensionszellen, transient transformiert mit
    dem Kernvektor pGJ1425 79
Abbildung 18: Fluoreszenzmikroskopie von Suspensionszellen, transient transformiert mit
    dem Importvektor pGJ1862 80
Abbildung 19: Fluoreszenzmikroskopie von Suspensionszellen, transient transformiert mit
    dem dsRED-Plastidenvektor 81
Abbildung 20: Fluoreszenzmikroskopie von Suspensionszellen, PEG-Behandlung ohne
    DNA 82
Abbildung 21: Stromuli 83
Abbildung 22: Aufbau der Induktionsvektoren 86
Abbildung 23: Promotorelemente der Induktionsvektoren im Überblick 88
Abbildung 24: *PrbcL*-Derivat 89
Abbildung 25: pSB R 91
Abbildung 26: Klonierungsschritte für pSB A 92

Abbildung 27: Klonierung von pSB B, C und D 94
Abbildung 28: Southern-Analyse zum Nachweis der Integration von pSB A, B, C bzw. D.98
Abbildung 29: Intramolekulare Rekombination 99
Abbildung 30: GUS-Expression der transgenen F1-Linien 102

Tabellenverzeichnis

Tabelle 1: Bakterienstämme... 27
Tabelle 2: Oligonukleotide (Primer) 27
Tabelle 3: Sonde 29
Tabelle 4: Verwendete Antibiotika 39
Tabelle 5: Restriktionsbedingungen 56
Tabelle 6: Ligationsbedingungen 57
Tabelle 7: PCR-Reaktionsgemisch 60
Tabelle 8: PCR-Schritte.. 60
Tabelle 9: Keimungsrate der transgenen F1-Generationen unter Selektionsdruck 100

Abkürzungsverzeichnis

BAP	6-Benzylamino-Purin
bp	Basenpaar, Maß für die Länge einer doppelsträngigen DNA-Sequenz
BSA	Rinderserumalbumin
CTAB	Cetrylmethylammoniumbromid ($C_{19}H_{42}BrN$)
dATP	Desoxyadenosintriphosphat
DMSO	Dimethylsulfoxid
DNA	Desoxyribonukleinsäure (DNS), englische Abkürzung
dNTP	Desoxyribonukleintriphosphat
DSMZ	Deutsche Sammlung von Mikroorganismen und Zellkulturen GmbH
DTT	Dithiothreitol
dTTP	Desoxythymidintriphosphat
EDTA	Ethylendiamintetraacetat
et al.	und weitere
GLP	gesamtlösliches Protein (englisch: TSP – *total soluble protein*)
h	Stunde
HEPES	N-(2-Hydroxyethyl)-Piperazin-N'-(2-Ethan-Sulfonsäure)
kb	Kilobasenpaare (1 kb = 1000 bp)
MES	2-(N-Morpholino)-Ethan-Sulfonsäure
min	Minute
mOsm	Milliosmol
mRNA	*messenger* RNA, Boten-RNA
MU	4-Methyl-Umbelliferon oder 7-Hydroxy-4-Methyl-Cumarin
MUG	4-Methyl-Umbelliferyl-β-D-Glucuronid
NAA	α-Naphtyl-Essigsäure
OD	optische Dichte
orf	*open reading frame*, offener Leserahmen
p.a.	pro analysi, Reinheitsgrad für Chemikalien
PCR	Polymerasekettenreaktion
PEG	Polyethylenglykol
PVP	Polyvinylpyrrolidon
psi	Einheit des Drucks (*pounds per square inch*)
RBS	Ribosomenbindestelle
RNA	Ribonukleinsäure (RNS), englische Abkürzung
rRNA	ribosomale Ribonukleinsäure
RT	Raumtemperatur
sek	Sekunde
SDS	Natriumdodecylsulfat
T7G10	Bakteriophage T7 Gen 10
TE	Tris-EDTA
Tris	Tris(Hydroxymethyl)-Aminomethan
upm	Umdrehung pro Minute
UTR	nicht-translatierte Region einer mRNA (*untranslated region*)
UV	Ultraviolettes Licht
v/v	Volumen pro Volumen
w/v	Masse pro Volumen

1 Zusammenfassung

Für die Entwicklung einer extern regulierbaren Expression plastidärer Fremdgene wurde das bakterielle Induktionssystem des *quorum sensing* in *Nicotiana tabacum* (Tabak) getestet. Die Komponenten für die Regulation wurden von *Vibrio fischeri* entnommen und an die Expressionsmaschinerie der Plastiden adaptiert. Ziel war es, eine hohe Expression nach der Induktion und ein geringes basales Niveau im Grundzustand zu erreichen. Es wurden Transformationsvektoren mit verschiedenen induzierbaren Promotoren für die Expression von β-Glucuronidase (GUS) hergestellt (Induktionsvektoren). Diese Vektoren sollten vor der Herstellung stabiler Plastomtransformanten zunächst in einem schnell durchführbaren transienten Expressionssystem auf ihre Funktionalität überprüft werden.

Um das transiente Expressionssystem zu etablieren, wurden Tabak-Protoplasten mittels Polyethylenglykol (PEG) mit einem Transformationsvektor transient transformiert, der plastidäre Regulationselemente für eine hohe konstitutive Expression von GUS enthielt. Mit dem in dieser Arbeit optimierten Protokoll konnte reproduzierbar eine signifikante, plasmidvermittelte GUS-Aktivität von 10 ± 6 pmol MU * h^{-1} * μg^{-1} Protein in Zellextrakten gemessen werden. Die Werte liegen im Vergleich zur Kontrolle 200fach höher und sind wesentlich größer als beim Ausgangsprotokoll (3,2 ± 2,4 pmol MU * h^{-1} * μg^{-1} Protein) und in früheren Arbeiten. Die Bestimmung des Expressionsortes erwies sich indessen als schwierig. Die häufig dafür verwendete Zellfraktionierung stellte sich für Plastiden von Suspensionszellen als ungeeignet heraus, weil sie große Stärkekörner und komplexe Stromuli ausbilden. Insgesamt lassen die Ergebnisse jedoch darauf schließen, dass der Großteil der GUS-Expression im Kern/ Cytosol stattfand. Eine geringe Expression in Plastiden unterhalb der Detektionsgrenze wird nicht ausgeschlossen, auf Grund der in dieser Arbeit erfolgreichen Herstellung von stabilen Plastomtransformanten mit der optimierten PEG-Methode. Die Transformations- und Expressionsraten von Plastiden im transienten Expressionssystem waren anscheinend für die Nachweismethoden zu gering, weshalb keine Tests mit den generierten Induktionsvektoren durchgeführt wurden.

Nach der Transformation der verschiedenen Induktionsvektoren zeigten die mit Southern-Analyse überprüften stabilen Plastomtransformanten im nicht induzierten Zustand, abhängig vom Promotor eine GUS-Konzentration zwischen 0,17 % (nativer Promotor aus *V. fischeri*) und 0,0003 % (artifizieller Promotor) vom gesamtlöslichen Protein (GLP). Die Expression im nicht induzierten Zustand konnte also durch die Auswahl geeigneter

Promotorelemente in chimären Promotoren erheblich gesenkt werden. Eine vollständige Hemmung der basalen Expression scheint allein durch cis-Regulationselemente angesichts der *read through*-Aktivität der plastidären RNA-Polymerasen nicht möglich zu sein. Um die Induzierbarkeit der GUS-Expression zu testen, wurden Blattstücke der stabilen Transformanten mit dem Induktor inkubiert. Es konnte damit keine signifikante Steigerung der GUS-Expression gezeigt werden. Mögliche Ursachen dafür werden anhand der Literatur diskutiert.

2 Einleitung

2.1 Plastiden

Plastiden sind ein wesentliches Merkmal von Pflanzen. Diese Zellorganellen kommen auch innerhalb einer Pflanze in verschiedenen Formen vor: angefangen bei den undifferenzierten Proplastiden der Bildungsgewebe (Meristeme), aus denen sich im Zuge der Zelldifferenzierung farblose Leukoplasten (Speicherung von Metaboliten), chlorophyllhaltige Chloroplasten (Photosynthese) bzw. carotinoidhaltige Chromoplasten (Farbgebung) bilden können. Eine Sonderform stellen Etioplasten dar, welche Hemmformen der Chloroplastengenese sind, die durch Lichtmangel entstehen und kein Chlorophyll enthalten. Alle Plastidenformen sind ineinander umwandelbar. Nur die Entwicklung zu Gerontoplasten des Herbstlaubes (seneszente Chloroplasten) ist irreversibel.

Nach der Endosymbionten-Theorie stammen Plastiden von einem ehemals freilebenden Cyanobakterium ab, das vor rund 1,2 bis 1,5 Milliarden Jahren von einem urtümlichen, Mitochondrien enthaltenden Proto-Eukaryoten aufgenommen wurde (Moreira et al., 2000). Die Inkorporation erfolgte vermutlich durch Phagocytose, was die doppelte Hüllmembran der Plastiden erklären könnte. Damit würde die innere Membran von der Plasmamembran der aufgenommenen Zelle und die äußere von der Phagosomen-Membran der aufnehmenden Zelle herrühren (Melkonian, 1996). Dieses Ereignis hat nach Moreira et al. (2000) nur einmal stattgefunden: Die Gruppe der primären, Photosynthese betreibenden Eukaryoten, bestehend aus den grünen Pflanzen (Grünalgen, Landpflanzen), Glaukophyten und Rotalgen, geht auf eine singuläre primäre Endosymbiose zurück. Weil sich Plastiden nur durch Teilung vermehren, sind sie ebenfalls monophyletischen Ursprungs.

Auf Grund der Entwicklung aus einem intrazellulären Symbionten besitzen Plastiden ihre eigene genetische Information, das sogenannte Plastom bzw. ptDNA. Sie sind zudem polyploid: je nach Art, Gewebe, Entwicklungsstufe und Umweltbedingungen liegt das Plastom in zahlreichen, identischen Kopien vor (Bendich, 1987). Diese wurden bereits von 171 Pflanzenarten sequenziert (Stand Dezember 2009, http://www.ncbi.nlm.nih.gov/, NCBI Entrez Genomes - Eukaryota Organelles). In Abbildung 1 wird am Beispiel von Tabak (*Nicotiana tabacum*) die typische Struktur eines Plastoms bei höheren Pflanzen ersichtlich.

Es lassen sich vier Regionen unterscheiden: zwei Sequenzwiederholungen, die zueinander invertiert sind (*inverted repeat* - IR) und die sich dazwischen in einfacher Kopie befindenden Genomabschnitte, *small single copy*- (SSC) und *large single copy*-Region (LSC). Das im Allgemeinen zirkulär dargestellte Plastom kann auch in linearen, zum Teil verzweigten komplexen Molekülen vorliegen (Lilly et al., 2001; Oldenburg und Bendich, 2004; Scharff und Koop, 2006).

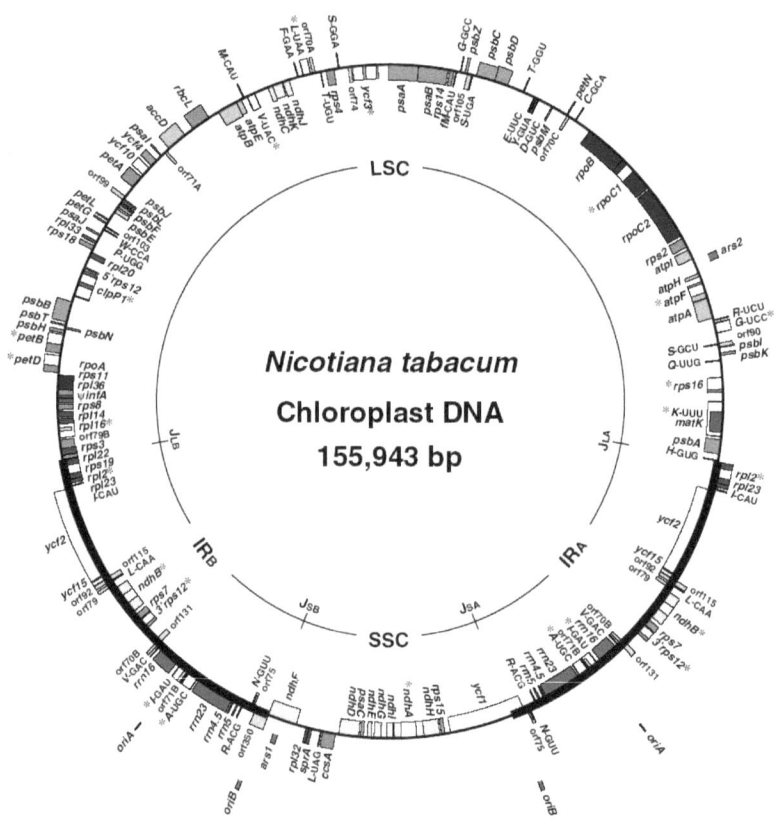

Abbildung 1: Tabak-Plastom
Yukawa et al. (2005); LSC - *large single copy region*, SSC - *small single copy region*, IR_A, IR_B - *inverted repeat*

Die durchschnittliche Plastomgröße von Landpflanzen beträgt 140 bis 160 Kilobasenpaare (kb) mit 80 bis 90 kodierten Proteinen (siehe NCBI Entrez Genome). Das entspricht nur noch 5 bis 10 % von Genomen heute lebender Cyanobakterien. Die Mehrzahl plastidärer Proteine wird vom Kerngenom kodiert und nach der Synthese im Cytosol in die Plastiden importiert (Martin et al., 2002). Zahlreiche Eigenschaften der Plastiden lassen sich jedoch auf ihren cyanobakteriellen Ursprung zurückführen, z.B. die Verpackung des Genoms in Nucleoide, die Organisation von Genen in Operons (mehrere Gene unter der Kontrolle eines Promotors, die gemeinsam in polycistronischen mRNA's transkribiert werden) und die zu Prokaryoten ähnliche Expressionsmaschinerie.

2.2 Plastiden-Gentechnik

Vor rund 20 Jahren gelang die erste stabile genetische Transformation von Plastiden (Transplastom) in der einzelligen Alge *Chlamydomonas reinhardtii* (Boynton et al., 1988; Blowers et al., 1989) und kurz darauf auch in *N. tabacum* (Svab et al., 1990). Seitdem wurden geeignete Markergene zur Selektion der transplastomen Klone etabliert und die Regulationselemente für die Expression des Zielgens optimiert. Als Selektionsmarker werden generell folgende, aus Bakterien stammende Gene verwendet (Review Koop et al., 2007): *aadA*, das eine Aminoglycosid-3'-Adenyltransferase kodiert und Resistenz gegen Spectinomycin und Streptomycin verleiht (Goldschmidt-Clermont, 1991; Svab und Maliga, 1993), sowie *aphA-6* (Huang et al., 2002) und *nptII* (Carrer et al., 1993), welche die Kanamycin-Resistenzvermittelnden Aminoglycosid-3'-Phosphotransferasen kodieren. Um eine hohe Expressionsrate des Zielgens zu erhalten, werden vorwiegend die stark konstitutiven Promotoren des plastidären 16S-rRNA-Operons (Svab und Maliga, 1993) bzw. des *psbA*-Gens (D1-Protein des Photosystems II, Staub und Maliga, 1993) eingesetzt, kombiniert mit diversen, nicht-translatierten Sequenzen (*un*translated *r*egion, UTR) von Genen wie *rbcL*, *psbA*, *atpB*, *rpl22*, *rpl32* usw. (Staub und Maliga, 1993; Eibl et al., 1999; Staub et al., 2000; Herz et al., 2005). Während die 5'-UTR entscheidend für die Expressionshöhe ist, hat die Wahl des 3'-UTR-Elementes darauf keinen sichtbaren Einfluss (Eibl et al., 1999) und dient eher der Stabilisierung und Prozessierung der mRNA (Stern und Gruissem, 1987; Hayes et al., 1996). Die Modifikation der N-terminalen Sequenz des Zielgens mit einer sogenannten *downstream box* führt ebenfalls zu einer Erhöhung der Translationseffizienz (Kuroda und Maliga, 2001; Herz et al., 2005).

Mit den Fortschritten in der Plastiden-Gentechnik wuchs die Bedeutung transplastomer Pflanzen für die Biotechnologie (Reviews Bock, 2007; Verma und Daniell, 2007): Plastiden-Transformationen werden eingesetzt, um agronomische Eigenschaften von Pflanzen zu verbessern wie Insekten- und Pathogenresistenz, Trocken- und Salztoleranz, zur Erzeugung cytoplasmatischer Pollensterilität und für die Phytoremediation. Weiterhin wird auf diese Weise versucht, die Nahrungsqualität zu steigern, Biorohstoffe zu produzieren (z.B. Polyhydroxyfettsäuren) oder quantitative Eigenschaften zu verändern, z.B. die Erhöhung der Photosynthese-leistung. Ein schnell wachsender Markt existiert insbesondere in der Produktion von Protein-basierenden Medikamenten, den Biopharmaka (Reviews Thanavala et al., 2006; Demain und Vaishnav, 2009; Karg und Kallio, 2009). In Tabakplastiden wurden bereits 33 verschiedene pharmazeutische Proteine rekombinant exprimiert: Humanes Serum Albumin, Somatotropin, Interferone, diverse Vakzine etc. (Zusammenfassung bis 2007 siehe Koop et al., 2007; Oey et al., 2008; Zhou et al., 2008; Nadai et al., 2009; Rigano et al., 2009; Scotti et al., 2009; Lentz et al., 2010).

Der Vorteil von Pflanzen gegenüber den konventionellen Produktionsplattformen von Biopharmaka wie Mammalia-Zellkulturen, Hefe- oder Bakterienfermentationen, liegt in den geringeren Investitions- und Produktionskosten. Zudem ist das Risiko einer Kontamination mit humanen bzw. tierischen Pathogenen wesentlich niedriger (Dove, 2002). Potentielle Gesundheitsrisiken bestehen allerdings auch hier durch mögliche Verunreinigungen mit Mycotoxinen, Pestiziden, Herbiziden und sekundären Pflanzenstoffen (z.B. Phenole), die einer sorgfältigen Analyse und Reinigung bedürfen. Ein weiterer Vorzug liegt in der nahezu unbegrenzt erweiterbaren Produktion, indem Pflanzen unter Verwendung der altbewährten landwirtschaftlichen Infrastruktur kultiviert werden können. Beim agronomischen Anbau ist jedoch die Gefahr einer Verbreitung Pharmaka-produzierender Pflanzen in der Umwelt und damit das Risiko einer Verunreinigung von Lebensmitteln zu beachten (Dove, 2002). Werden transplastome Pflanzen genutzt, kann diese Gefahr verringert werden, weil bei den meisten Arten die Vererbung der Plastiden hauptsächlich maternal erfolgt. Demzufolge ist die Wahrscheinlichkeit einer Auskreuzung der Fremdgene durch Pollen, der durch Wind und Insekten verbreitet wird, gering (Ruf et al., 2007; Svab und Maliga, 2007).

Ein großer Vorteil ist ebenfalls die hohe Ausbeute, die mit Plastiden-Transformationen erreicht werden kann. Die bisher höchste Konzentration eines rekombinanten Proteins, ein gegen pathogene Streptokokken antibiotisch wirkendes Phagen-Protein, erhielten Oey et al. (2008) in transplastomen Tabak mit über 70 % vom gesamtlöslichen Protein (GLP). Eine Ursache ist der hohe Ploidiegrad des Plastoms, das mit über 10000 Kopien in einer ausdifferenzierten Blattzelle vorliegen kann (Bendich, 1987; Zoschke et al., 2007). Weiterhin sind in Plastiden keine epigenetischen Effekte und RNA-Interferenzen wie im Kern bekannt, welche die Expression zusätzlich hemmen können. Auf Grund des prokaryotischen Ursprungs ist es außerdem möglich, mehrere Gene gleichzeitig zu transformieren, organisiert in einem Operon unter der Kontrolle eines einzigen Promotors. Dadurch können mit einem Transformationsereignis ganze Stoffwechselwege in Plastiden integriert bzw. komplexe Proteine wie Vakzine, die aus mehreren Untereinheiten bestehen, exprimiert werden (Staub und Maliga, 1995; Lössl et al., 2003; Herz et al., 2005; Quesada-Vargas et al., 2005). Schließlich ist die Wahl der Organismen, mit denen rekombinante pharmazeutische Proteine produziert werden sollen, vor allem von der posttranslationalen Modifikation abhängig, die dafür benötigt wird. Plastiden sind in der Lage, komplexe Proteine korrekt zu falten, sowie Proteine mit Disulfidbrücken zu synthetisieren (Staub et al., 2000; Bally et al., 2008) und kovalente Verbindungen mit Lipiden durchzuführen (Hennig et al., 2007). Sie besitzen allerdings kein Glykosylierungssystem (Maliga et al., 2003).

Bei Transformationen ist eine spezifische Integration der Fremd-DNA ins Zielgenom wünschenswert, um ungewollte Dosiseffekte durch mehrfachen Einbau und die Störung bzw. Inaktivierung von nativen Genen zu vermeiden. In Plastiden wird die Fremd-DNA, flankiert mit den zum Insertionsort homologen Sequenzen, zielgerichtet mittels homologer Rekombination, das dem bakteriellen RecA-System entspricht, in das Plastom eingebaut (Cerutti et al., 1992; Cerutti et al., 1995; Kavanagh et al., 1999). Das Transformationsereignis selbst betrifft jedoch nur ein bis wenige Kopien des Plastoms. Dieser heteroplastomische Zustand muss zunächst durch eine adäquate Selektion zugunsten des transgenen Plastoms in einen homoplastomischen überführt werden, d.h. dass alle Kopien des Plastoms in dem jeweiligen Organismus identisch sind. Bei Tabak dauert dieser Selektionsprozess zwischen 10 bis 20 Wochen (Koop et al., 1996).

2.3 Plastidäre Induktionssysteme

Eine durchgängig hohe Expression stellt eine Stoffwechselbelastung dar, die zu Wachstums- und Entwicklungsstörungen führen kann, neben den möglichen toxischen Effekten des Zielproteins selbst. Mit einer zeitlich begrenzten Expression, die extern gesteuert werden kann, ist die Reduktion solcher negativen Erscheinungen möglich (Daniell et al., 2001; Lössl et al., 2003; Tregoning et al., 2003; Magee et al., 2004b; Chakrabarti et al., 2006). Ein dazu geeignetes System sollte eine stringente Kontrolle des Zielgens mit einer möglichst niedrigen Grundexpression (im nicht induzierten Zustand) und einem hohen induzierten Expressionsniveau erlauben (Induktion). Idealerweise ließe sich damit die Expression zeitlich, räumlich sowie quantitativ bestimmen. Gleichzeitig sollte die Regulation endogener Gene nicht beeinflusst werden, was am ehesten über Systeme mit nicht pflanzlichen Komponenten erreicht wird. Diese Komponenten sollten außerdem in Pflanzen eine möglichst geringe Toxizität zeigen (Padidam, 2003).

Für Kerntransformationen wurden bereits zahlreiche Induktionssysteme entwickelt, über gewebespezifische, umwelt- und entwicklungsabhängige Promotoren etc. bis hin zu Promotoren, die sich mittels spezifischer Moleküle regulieren lassen (Reviews Moore et al., 2006; Corrado und Karali, 2009): Sie werden z.B. durch die externe Zugabe von Tetrazyklin, Dexamethason, Ethanol, Kupfer, Insektizid oder Östrogen aktiviert. Diese sogenannten chemischen Induktionssysteme sind sehr attraktiv, weil sie eine relativ einfache Kontrolle zu einem beliebigen Zeitpunkt ermöglichen. Weiterhin korreliert in den meisten Fällen die Transkriptionsrate in einem bestimmten Bereich mit der Konzentration des Signalmoleküls. Generell bestehen chemische Induktionssysteme aus zwei Transkriptionseinheiten: erstens einem induzierbaren Promotor mit dem jeweiligen Zielgen und zweitens einem meist konstitutiv exprimierten Transkriptionsfaktor, der mit einem Signalmolekül (Induktor) reagiert. Dieser Transkriptionsfaktor bindet in Abhängigkeit vom Induktor an den induzierbaren Promotor (Aktivator), bzw. ist dort bereits gebunden und verliert mit dem Induktor seine Affinität zum Promotor (Repressor), worauf bei beiden Formen die Transkription aktiviert wird (Padidam, 2003). In Plastiden hingegen gibt es diesbezüglich nur wenige Arbeiten, bei denen *N. tabacum* verwendet wurde. Obwohl die Plastidentransformation auch in anderen Landpflanzen gezeigt wurde, wird diese Technik routinemäßig bisher nur in Tabak durchgeführt (De Marchis et al., 2009) und wird ebenfalls in der vorliegenden Arbeit verwendet. Ein Vorteil von Tabak ist außerdem, in Hinblick auf die biologische Sicherheit bei Pharmaka-Produktionen, dass es sich um keine Nahrungs- bzw. Futterpflanze handelt.

Als erste publizierten McBride et al. (1994) ein Regulationssystem, das aus zwei Elementen besteht, die getrennt in Pflanzen transformiert werden (binäres System). Werden beide Transformanten miteinander gekreuzt, erfolgt in der F1-Generation die Expression des Zielgens. Es wurden dazu transgene Pflanzen hergestellt, die im Kern die RNA-Polymerase (RNAP) des Phagen T7 mit einem Transitpeptid in die Plastiden exprimierten, kontrolliert vom konstitutiven 35S-Promotor (aus dem *cauliflower mosaic virus*). Diese wurden mit Plastomtransformanten gekreuzt, die in Plastiden den T7-Phagen-Promotor des Gens 10 (T7G10-Promotor) und *uidA* als Reportergen (kodiert β-Glucuronidase - GUS) enthielten. Die Expression von GUS in der F1-Generation ergab eine hohe Akkumulation von 20-30% vom GLP. In den transplastomen Pflanzen, die keine T7-RNAP enthielten, wurde keine Expression des Enzyms detektiert. Nachteile dieser Methode bestehen darin, dass eine zeitliche Kontrolle während des Pflanzenwachstums sowie ein Abschalten der Expression nicht möglich ist.

Das System wurde von Magee et al. (2004b) und Lössl et al. (2005) fortgeführt, indem sie statt des 35S-Promotors einen mit Salicylsäure bzw. Ethanol induzierbaren Promotor für das nukleare T7-RNAP-Gen verwendeten (Abbildung 2, S. 16). Damit konnte die bei einer konstitutiven Expression aufgetretene Wachstumsinhibition bzw. Sterilität überwunden werden. Nachteile waren hier eine relativ hohe Transkriptionsrate der plastidären Zielgene im nicht induzierten Zustand und eine relativ niedrige Induktion mit einem Faktor von lediglich vier bis sechs. Eine der Ursachen für den hohen Hintergrund war, dass zwar der Kernpromotor für das T7-RNAP-Gen nur eine schwache Aktivität im Grundzustand zeigte, die geringe Menge an T7-RNAP in Plastiden aber bereits zu einer hohen Expression führte, auch wegen ihrer hohen Stabilität in Plastiden (Magee et al., 2004b; Magee et al., 2007). Weitere negative Eigenschaften des T7-Systems bestehen darin, dass zumindest *in vitro* der T7G10-Promotor von der kernkodierten plastidären RNAP (NEP – *nuclear-encoded plastid RNAP*) transkribiert wird (Lerbs-Mache, 1993) und im Gegenzug die T7-Polymerase in Plastiden die Expression von Genen aktivierte, die normalerweise von der NEP transkribiert werden, wie z.B. *rpoC1*, *rpl33*, *rps18*, *rps12* und *clpP* (Magee und Kavanagh, 2002).

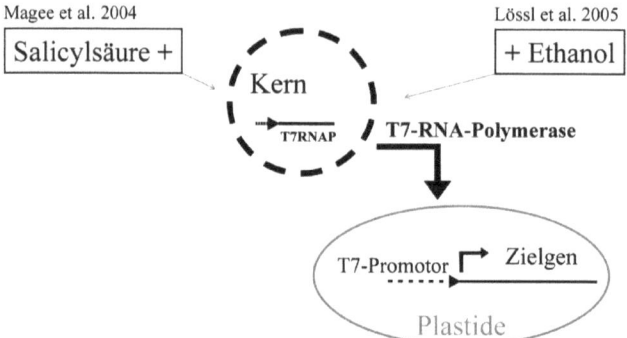

Abbildung 2: T7-Phagen–RNAP-Kontrollsystem in Pflanzen

Ein weiteres binäres System wurde von Buhot et al. (2006) entwickelt, bei dem ein synthetischer Transkriptionsfaktor verwendet wurde. Transplastome Pflanzen enthielten das Gen des Grün Fluoreszierenden Proteins (GFP) mit dem bakteriellen Hitzeschockpromotor von *groE* aus *Escherichia coli*. Die Transkription wurde aktiviert, indem durch eine Agrobakterien-Transformation transient ein chimärer Transkriptionsfaktor in den Pflanzen exprimiert wurde: Dieser bestand aus der C-Domäne des Sigmafaktors σ^{32} von *E. coli*, der spezifisch an Hitzeschock-promotoren bindet, fusioniert mit der N-Domäne des *Arabidopsis*-Sigmafaktors SIG1 zur Bindung der in Plastiden kodierten plastidären RNAP (PEP – *plastid-encoded plastid RNAP*). Angaben zur GFP-Konzentration bzw. der Induktionsrate wurden nicht gemacht.

Bislang gibt es nur ein chemisches Induktionssystem, das vollständig auf plastidären Komponenten beruht. Mühlbauer und Koop (2005) entwickelten als erste eine extern kontrollierbare Transkription unter Verwendung des *lac*-Regulationssystems aus *E. coli* (Abbildung 3), später gleichfalls eingesetzt in *Chlamydomonas reinhardtii* (Kato et al., 2007). Dafür wurde die Operatorsequenz, die Bindestelle des *lac*-Repressors LacI in Abwesenheit des Induktors, an verschiedenen Positionen im *PrrnP1* (Promotor des *rRNA*-Operons) integriert, bzw. auch in *PrbcL* (Promotor des *rbcL*-Gens) bei Kato et al. (2007). Durch Zugabe von Isopropyl-β-D-Thiogalactopyranosid (IPTG) verliert LacI seine Affinität zur Operatorsequenz, so dass die Transkription starten kann. Die höchste Induktionsrate bestand bei Mühlbauer und Koop (2005) in einer 20fachen Steigerung der GFP-Expression, mit insgesamt ca. 1 % vom GLP. Die Expression von GFP konnte sogar noch nach der Ernte der Pflanzen induziert werden. Die Grundexpression war allerdings ebenfalls relativ hoch. Bei Kato et al. (2007) sind die Ergebnisse in Bezug zur mRNA-Konzentration analog - Proteinmengen wurden dazu nicht angegeben: Das Transkriptionsniveau vom chimären Promotor konnte mittels LacI auf weniger als 10 % reduziert werden. Nach Induktion wurde fast die gleiche Transkriptmenge erreicht wie in Abwesenheit des Repressors.

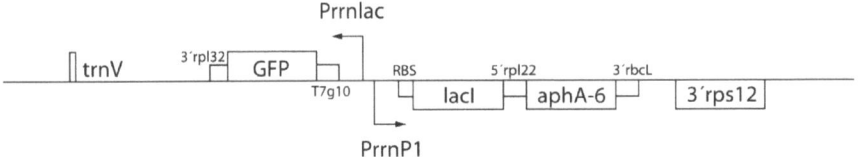

Abbildung 3: *lac*-Regulationssystem von Mühlbauer und Koop (2005)
Das Reportergen von GFP wurde unter den mit der *lac*-Operatorsequenz modifizierten *PrrnP1*-Promotor (Prrnlac) gesetzt. Das Gen des Repressors LacI wird in eine polycistronische mRNA mit dem Resistenzgen *aphA-6* vom konstitutiven *PrrnP1* in divergenter Richtung transkribiert. Diese Kassette wurde ins Tabakplastom zwischen *trnV* und *rps12* im *inverted repeat* (IR) integriert.

Bis heute konnte noch kein plastidäres Induktionssystem etabliert werden, mit dem eine hohe Induktionsrate bei einer sehr geringen Grundexpression erhalten wird und das gleichzeitig eine hohe Spezifität der Regulation besitzt und eine temporäre Kontrolle erlaubt. In der vorliegenden Arbeit wird erstmalig ein heterologer Regulationsmechanismus für die Fremdgen-Expression in Plastiden entwickelt, der auf einem bakteriellen Kontrollsystem basiert, dem *quorum sensing*. Im Gegensatz zur negativen Kontrolle des *lac*-Operons, bei der durch LacI die Transkription im Grundzustand gehemmt wird (Mühlbauer und Koop, 2005; Kato et al., 2007), handelt es sich beim *quorum sensing* um ein positive Kontrolle, bei der die Transkription durch Bindung des Transkriptionsfaktors am Promotor nach Zugabe eines Signalmoleküls aktiviert wird.

2.4 Quorum sensing

Das *quorum sensing* erlaubt es einer Population von Bakterien mittels eines Signalmoleküls die Expression spezifischer Gene in Bezug zu ihrer Zelldichte zu koordinieren und damit ein kollektives Verhalten hervorzurufen. Diese Regulation wurde in Gram-negativen Bakterien zuerst 1970 in *Vibrio fischeri* entdeckt (Nealson et al., 1970). Seitdem sind zahlreiche weitere Arten beschrieben, z.B. *Agrobacterium tumefaciens* (Fuqua und Winans, 1994), *Rhizobium leguminosarum* (Lithgow et al., 2000), *V. harvey* und *E. coli* (Surette et al., 1999), die über *quorum sensing* verfügen. Die Signalmoleküle sind artspezifisch und bei Gram-negativen Bakterien aus einem Homoserin-Lacton (HSL) aufgebaut, dass über eine Amid-Bindung mit einer Acylkette von variabler Länge und Seitenketten-Substitutionen konjugiert ist (Abbildung 4, S. 19).

Die Fähigkeit zur innerartlichen Koordination eines bestimmten Verhaltens gilt heutzutage als eine universelle Eigenschaft von Bakterien (Review Waters und Bassler, 2005). Nach einer sorgfältigen Evaluierung der verschiedenen *quorum sensing*-Systeme wird für die hier dargestellten Untersuchungen aus folgenden Gründen das von *V. fischeri* ausgewählt: Dessen Genom ist vollständig sequenziert (Ruby et al., 2005) und das *quorum sensing* sehr gut untersucht. Im Gegensatz zu *V. harvey* oder Gram-positiven Bakterien, bei denen das Signal über eine komplexe Phosphorylierungskaskade weitergeleitet wird, handelt es sich um eine relativ einfache Regulation. Weiterhin ist das Bakterium apathogen und kommt als marines Lebewesen nicht in der Umwelt von Landpflanzen vor, anders als z.B. *A. tumefaciens*, ein weitverbreitetes Pflanzenpathogen. Unerwünschte Interaktionen von *V. fischeri* mit den transgenen Pflanzen sind daher praktisch ausgeschlossen.

In mehreren Arbeiten wurde der Mechanismus des *quorum sensing* in *V. fischeri* aufgeklärt. Diese Art lebt als Symbiont in den sogenannten Lichtorganen mariner Fische und Kalmare, in denen eine Zelldichte von 10^9 bis 10^{10} Zellen/ ml erreicht wird (Dunlap und Greenberg, 1991; Ruby, 1996). Sie kommt aber auch freilebend mit bis zu 10^2 Zellen/ ml im Seewasser vor (Ruby et al., 1980; Lee und Ruby, 1992). Das Bakterium produziert im Grundzustand in geringen Mengen ein Signalmolekül, das von Eberhard et al. (1981) als *N*-3-(Oxohexanoyl)-L-Homoserin-Lacton (*Vf*HSL) identifiziert wurde (Abbildung 4). *Vf*HSL kann passiv durch die Zellmembran diffundieren. Wächst die Population, steigt gleichfalls die *Vf*HSL-Konzentration in einer abgegrenzten Umgebung wie dem Lichtorgan an. Nach Erreichen des spezifischen Schwellenwertes von 10 nM *Vf*HSL wird in *V. fischeri* das *lux*-Operon für die Erzeugung von Lumineszenz aktiviert, mit einer maximalen Reaktion bei ca. 200 nM (Kaplan und Greenberg, 1985).

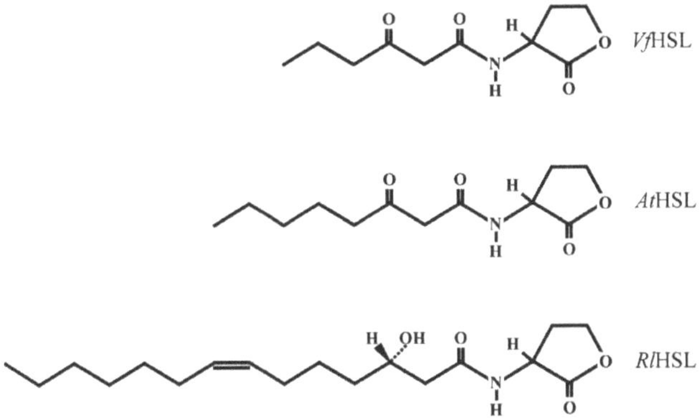

Abbildung 4: Signalmoleküle bei Gram-negativen Bakterien
VfHSL – N-3-(Oxohexanoyl)-Homoserin-Lacton von *Vibrio fischeri* (Eberhard et al., 1981),
AtHSL – 3-(Oxooctanyl)-Homoserin-Lacton von *Agrobacterium tumefaciens* (Zhang et al., 1993),
RlHSL – N-(3R-Hydroxy-7-*cis*tetradecanoyl)-Homoserin-Lacton von *Rhizobium leguminosarum*
(Schripsema et al., 1996)

Dafür werden zwei Transkriptionseinheiten benötigt, *luxR* und das *lux*-Operon *luxICDABEG*, die in entgegengesetzter Richtung transkribiert werden (Abbildung 5, S. 20) (Engebrecht et al., 1983; Engebrecht und Silverman, 1984). *luxA* und *luxB* kodieren die α- und β-Untereinheit der Luziferase, *luxC*, *D* und *E* den *lux*-spezifischen Fettsäure-Reduktase-Komplex, welcher für Synthese und Recycling des Aldehyd-Substrates der Luziferase benötigt wird (Boylan et al., 1985; Boylan et al., 1989). Vom letzten Gen des Operons *luxG* wird wahrscheinlich eine Flavin-Reduktase exprimiert (Zenno und Saigo, 1994). LuxI, das vom ersten Gen des *lux*-Operons kodiert wird und LuxR stellen die regulatorischen Einheiten des Systems dar. LuxI synthetisiert das VfHSL und LuxR aktiviert das *lux*-Operon in Anwesenheit ausreichender Mengen des Induktors (Engebrecht et al., 1983; Engebrecht und Silverman, 1984; Stevens und Greenberg, 1997).

Die Gene *luxR* und *luxI* sind durch eine 219 Basenpaare (bp) große regulatorische Region getrennt, worin die Promotoren enthalten sind. Der schwach konstitutive *luxR*-Promotor P*luxR* weist eine –10- und eine –35-Box auf, ähnlich den Konsensussequenzen aus *E. coli*. Dagegen besitzt der induzierbare *luxI*-Promotor P*luxI* nur eine –10-Box (Engebrecht und Silverman, 1987; Egland und Greenberg, 1999). An Stelle der -35-Box befindet sich eine 20 bp große Sequenz mit spiegelbildlicher Symmetrie (Palindrom), die *lux*-Box, deren

Zentrum 42,5 bp stromaufwärts vom Transkriptionsstart liegt (Devine et al., 1988; Baldwin et al., 1989; Shadel et al., 1990; Egland und Greenberg, 1999). Wenn LuxR VfHSL gebunden hat, ändert sich seine Konformation und der Komplex lagert sich an die *lux*-Box an. Daraufhin wird die Transkription des *lux*-Operons aktiviert (Devine et al., 1989; Stevens et al., 1994; Stevens und Greenberg, 1997; Egland und Greenberg, 1999; Urbanowski et al., 2004). Durch die Zunahme der LuxI-Menge und damit einhergehend der VfHSL-Konzentration kommt es gleichzeitig zu einer positiven Rückkopplung, die schließlich zu einer exponentiellen Steigerung der Lumineszenz führt (Shadel et al., 1990). Gleichzeitig wird die Expression von LuxR durch die Zunahme der LuxR- und VfHSL-Konzentration reprimiert (Dunlap und Greenberg, 1988; Shadel und Baldwin, 1991, 1992).

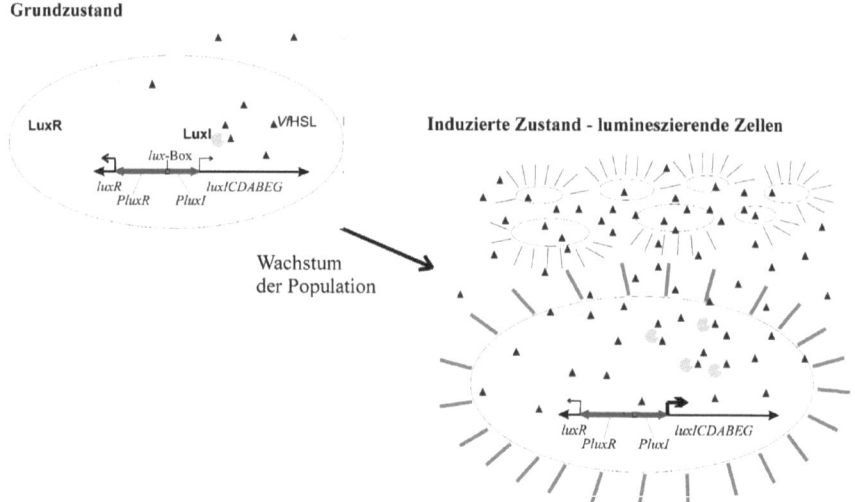

Abbildung 5: *quorum sensing* in *Vibrio fischeri*
Im Grundzustand (links oben) bei geringer Zelldichte wird LuxR (gelb – Rezeptor von VfHSL und Aktivator des *lux*-Operons) und in geringen Mengen LuxI (violett – Synthase von VfHSL) exprimiert. Nach Erreichen einer bestimmten Zelldichte und damit einhergehend eines spezifischen Schwellen-wertes der Induktor-Konzentration VfHSL (dunkelblau) wird das *lux*-Operon *luxICDABEG* zur Erzeugung von Lumineszenz aktiviert und die Expression von LuxR reprimiert (Induzierter Zustand, rechts unten). *lux*-Box (grau) – Binderegion des LuxR-VfHSL-Komplexes; *PluxR* (rot) – Promotor von *luxR*; *PluxI* (rot) – Promotor des *lux*-Operons

Während die vorliegende Arbeit 2005 begonnen wurde, erschien 2006 eine Publikation, in welcher der Mechanismus des *quorum sensing* in das Kernkompartiment von Pflanzen transferiert wurde. You et al. (2006) generierten ein transgenes Kerninduktionssystem, für das die regulatorischen Komponenten aus *A. tumefaciens* verwendet wurden, die analog zu denen in *V. fischeri* sind. Der induzierbare Promotor bestand aus dem minimalen 35S-Promotor (m35S), der eine sehr schwache Aktivität im Vergleich zum vollständigen 35S-Promotor besitzt, fusioniert mit der *traI*-Box, der Erkennungssequenz des Rezeptor-/Aktivatorproteins TraR. Das Gen von TraR, C-terminal mit einer eukaryotischen Aktivierungsdomäne VP16 aus *Herpes simplex* gekoppelt, wurde unter die Regulation des konstitutiven, verstärkten 35S-Promotors (e35S) kloniert. *Arabidosis thaliana* wurde mit dem Vektor transformiert und homozygote Keimlinge getestet. Nach Induktion der Pflanzen durch Besprühen mit dem Induktor *N*-3-(Oxooctanyl)-L-Homoserin-Lacton (*At*HSL, Abbildung 4) und nach einer Inkubation von 24 Stunden wurde durchschnittlich eine vier bis elffache Induktionsrate erhalten. Ebenso funktionierte das System bei transienten Transformationen von Karotten-, Gerste- und Moosprotoplasten mit einer maximalen Induktion bei Gerste um den Faktor 25. Mit der Publikation von You et al. wurde gezeigt, dass das Kontrollsystem des *quorum sensing* in Pflanzen übertragbar ist. Für die vorliegende Arbeit ebenfalls von Bedeutung ist die Analyse der Transkriptprofile der transgenen Pflanzen vor und nach der Induktion im Vergleich zum Wildtyp. Für die Microarray-Analysen wurde die Gesamt-RNA isoliert und die differentielle Expression von ca. 20000 Genen bestimmt. Es wurde keine Veränderung in der endogenen Genexpression detektiert. Bei einer Konzentration von 1 mM *At*HSL wurde außerdem keine Toxizität für die Pflanzen beobachtet.

2.5 Transiente Transformation mit Polyethylenglykol

Als Alternative zur zeitaufwendigen Herstellung stabiler Plastomtransformanten in *N. tabacum* sollte ein transientes Expressionssystem etabliert werden, bei dem die Expressionsrate der Reportergene kurz nach Aufnahme der Fremd-DNA in die Plastiden bestimmt wird, unabhängig von einer Integration ins Plastom. Die in dieser Arbeit konstruierten Plastiden-Transformationsvektoren könnten damit in kurzer Zeit auf ihre Funktionalität getestet werden. Quantifizierende transiente Expressions-systeme wurden bereits mit der biolistischen (*particle gun*) und der Polyethylenglykol (PEG)-Methode entwickelt (Daniell et al., 1990; Ye et al., 1990; Spörlein et al., 1991; Seki et al., 1995; Inada et al., 1997). Obwohl es mehr Arbeiten zur *particle gun* gibt, ist die PEG-vermittelte Transformation die attraktivere Methode, da sie wesentlich kostengünstiger und ohne großen technischen Aufwand zu bewerkstelligen ist.

Golds et al. (1993) publizierten erstmals eine Methode zur Herstellung stabiler Plastomtransformanten in Tabak mittels PEG. Mit dem von Koop et al. (1996) fortentwickelten Protokoll konnten schließlich reproduzierbar 10 bis 40 stabile Transformanten von einer Million eingesetzten Protoplasten erzeugt werden. Folgende Parameter sind darin optimiert worden: die PEG-Endkonzentration von 20 %, Dauer der PEG-Inkubation (7,5 min), Herstellung und Lagerung der PEG-Lösung, die Plasmidmenge (50 µg) und der pH-Wert des Transformationsmediums (pH 5,6). Weiterhin wurden die besten Ergebnisse mit einem pH des PEG-Puffers von 9,75 und einem Mg^{2+}- bzw. Ca^{2+}-Transformationsmedium (15 mM Mg^{2+} bzw. Ca^{2+}) erzielt. Auch in nachfolgenden Arbeiten wurden auf diese Weise erfolgreich Plastomtransformanten generiert (De Santis-Maciossek et al., 1999; Huang et al., 2002; Herz et al., 2005).

Es gibt bisher lediglich eine Arbeit, die eine transiente GUS-Expression in Plastiden nach der Transformation mittels PEG zeigt. Verwendet wurden dafür Protoplasten aus *N. plumbaginifolia* (Spörlein et al., 1991). Koop et al. (1996) testeten analog dazu in *N. tabacum*-Protoplasten verschiedene Vektoren mit diversen plastiden-spezifischen Regulationselementen und GUS als Reporterprotein, konnten die Ergebnisse von Spörlein et al. (1991) jedoch nicht reproduzieren. Die GUS-Expression, die anhand der Enzymaktivität in den Zellextrakten gemessen werden konnte, wurde in isolierten Plastiden nicht bestätigt. Das führte zu der Schlussfolgerung, dass die Expression außerhalb der Plastiden stattfand. Wie ebenfalls in anderen Arbeiten gezeigt wurde, reichen die plastidenspezifischen Regulationselemente allein nicht aus, um eine Kerntransformation auszuschließen (Cornelissen und Vandewiele, 1989; Carrer et al., 1993; Ye et al., 1996). Der Nachweis einer Plastidenexpression muss demnach sorgfältig geführt werden. In der vorliegenden Arbeit wird das transiente Expressionssystem in Tabak durchgeführt, denn im Vergleich zu den Vektoren aus der Publikation von Koop et al. (1996) steht nun ein Plastidenvektor zur Verfügung, der eine wesentlich stärkere Expressionsrate von GUS in stabilen Plastomtransformanten aufweist (Herz et al., 2005). Schließlich sind für die Protoplastenherstellung und Kultivierung das verwendete

Pflanzenmaterial und die Kulturmedien entscheidend. Diese Faktoren wurden in der Arbeit von Dovzhenko et al. (1998) zur Regeneration von Pflanzen aus Protoplasten optimiert.

2.6 Zielsetzung

Am Beispiel von *N. tabacum* soll in dieser Arbeit eine extern induzierbare Fremdgen-Expression in Plastiden entwickelt werden, das auf dem *quorum sensing* beruht. Das aus Bakterien stammende System hat dafür folgende vielversprechenden Eigenschaften: Die Induktionsrate in Bakterien ist sehr hoch (bis zu einem Faktor von 10^7) und nach Auswaschen des Induktors sinkt die Expression rasch (Kaplan und Greenberg, 1985; Boettcher und Ruby, 1995; Dunlap, 1999; Thomas und van Tilburg, 2000). Für die Kontrolle der Expression werden im Wesentlichen nur drei Komponenten benötigt: das Signalmolekül, der Transkriptionsfaktor (Rezeptor des Induktors und Aktivator der Transkription) und dessen Zielpromotor. Die letzteren beiden sollten sich auf Grund des bakteriellen Ursprungs relativ einfach an die Plastiden-Expressionsmaschinerie anpassen lassen. Weiterhin kann die Integration ins Plastom in einem einzelnen Transformationsereignis erfolgen. Durch die Promotor-Aktivierung sollte zudem eine striktere Kontrolle des Zielgens möglich sein als durch eine Repression, wie sie z.B. beim *lac*-Regulationssystem stattfindet (Review Corrado und Karali, 2009). Bei letzterem ist davon auszugehen, dass der Repressor mit endogenen Transkriptionsfaktoren um die DNA-Bindung am Promotor konkurriert. Um damit eine vollständige Inaktivierung zu erreichen, müsste also eine ständige Besetzung des Promotors durch den Repressor gegeben sein, was unwahrscheinlich ist.

Die Plastiden-Transformationsvektoren werden folgendermaßen konstruiert: das Gen des Transkriptionsaktivators LuxR von *V. fischeri* wird unter die Kontrolle eines konstitutiven Promotors und das Reportergen unter Kontrolle eines induzierbaren Promotor kloniert. Neben dem nativen *luxI*-Promotor sind weitere chimäre Induktionspromotoren geplant, die sich aus einem konstitutiven Plastidenpromotor und der Binderegion für den LuxR-*Vf*HSL-Komplex, der *lux*-Box, zusammensetzen. Die generierten Vektoren sollen zunächst in transient transformierten Tabak-Protoplasten auf ihre Funktionalität getestet werden. Dafür soll ein System etabliert werden, bei dem wie in der Arbeit von Spörlein et al. (1991) mit *N. plumbaginifolia* nach Transformation mittels PEG eine transiente Expression des

Reportergens in Plastiden gezeigt werden kann. Anschließend werden mit den zweckmäßigsten Vektoren stabile Transplastompflanzen hergestellt und das Induktionssystem evaluiert.

3 Material und Methoden

3.1 Chemikalien, Enzyme

Die Standardchemikalien (anorganische Salze, Säuren, Zucker, organische Verbindungen, Lösungsmittel) wurden im Reinheitsgrad ‚pro analysi' von folgenden Herstellern bezogen: Duchefa Biochemie (Harlem, Niederlande), MBI Fermentas (St. Leon-Rot), Merck (Darmstadt), Peqlab (Erlangen), Roth (Karlsruhe) und Sigma-Aldrich (Taufkirchen). Das verwendete Wasser wurde mit einer Reinstwasseranlage gereinigt (‚Ultra Clear', SG, Barsbüttel) und wenn notwendig, zusätzlich autoklaviert. DNA modifizierende Enzyme und DNA-Polymerasen wurden von MBI-Fermentas (St. Leon-Rot), New England Biolabs (Frankfurt/ Main) und Promega (Mannheim) gekauft. Im Folgenden sind spezielle Substanzen und Enzyme aufgeführt, die ebenfalls im Reinheitsgrad ‚pro analysi' eingesetzt worden sind:

Agarose (SeaKem LE Agarose)	FMC BioProducts, Rockland (USA)
Ampicillin	Serva, Heidelberg
Lithiumchlorid	Serva, Heidelberg
Phusion	Finnzymes, Espoo (Finnland)
Polypuffer 74	Amersham Pharmacia Biotech, Freiburg

3.2 Verbrauchsmaterial, Geräte

Für die standardmäßige Ausrüstung des Labors standen Geräte der Firmen Merck Eurolab (Bruchsal), Gilson (Bad Camberg) und Bio-Rad (München) zur Verfügung. Das Verbrauchsmaterial für die Molekularbiologie wurde weitgehend von den Firmen Eppendorf (Hamburg), Greiner (Frickenhausen) und Gilson (Bad Camberg), für die Gewebekultur von Greiner und Sarstedt (Nümbrecht) bezogen. Im Folgenden sind nur Verbrauchsmaterialien und Geräte genannt, die von der üblichen Laborausstattung abweichen:

Polypropylen-Kulturröhrchen 2059	Falcon, Lincoln Park (USA)
Analysenwaage Analytic AC 120 S	Satorius, Göttingen
Autoklav Aesculap 420	Aesculap-Werke, Tuttlingen
Autoklav Varioklav 500 EV	H+P Labortechnik, München

CANON EOS 400D +18-55/3,5-5,6 KIT	Canon, Tokio (Japan)
Elektrophorese-Spannungsversorgung 2301 Makrodrive	LKB Produkter, Bromma (Schweden)
Elektrophorese-Spannungsversorgung Modell 100/200	Bio-Rad, München
Fluoreszenzmikroskop „Axio Imager Z1"	Carl Zeiss Vision GmbH, Jena
Geldokumentationssystem	MWG Biotech, Ebersberg
Gelelektrophoresekammer Easy-Cast B3	Owl Scientific, Woburn (USA)
Gelelektrophoresekammer GNA 200	Pharmacia Biotech, Uppsala (Schweden)
Gelelektrophorese-Photosystem QuickShooter QSP	Kodak IBI, New Haven (USA)
Klimaschrank Rumed Nr. 1200	Rubarth Apparate, Hannover
Osmomat O30	Gonotec GmbH, Berlin
Particle gun PDS-1000/He	Bio-Rad, München
PCR Express Thermal Cycler	Hybaid, Ashford (USA)
pH-Meter Messgerät WTW pH522	WTW, Weilheim
Sicherheitssterilbank UVF6.12S	BDK Luft- u. Reinraumtechnik, Sonnenbühl-Genkingen
Sterilbank Microflor	Stalco, Düsseldorf
Zentrifuge Sorvall RC-5B, Rotor SS34, GSA	DuPont Instruments, Bad Homburg
Zentrifuge Z323K	Hermle, Wehingen
Zentrifuge 5415 C	Eppendorf, Hamburg
Zentrifuge Universal 30 RF	Hettich, Tuttlingen

3.3   Software, Datenbanken

Sequenzvergleiche:	ClustalW	http://align.genome.jp/clustalw/
	Blast 2 Sequences (NCBI)	http://www.ncbi.nlm.nih.gov/BLAST/bl2seq/wblast2.cgi
Primer-Analyse	Primer3 Input 0.4.0	http://frodo.wi.mit.edu/
Vektorprogramm:	Vector NTI deluxe Version 4.0.2 (Informax)	Invitrogen Life Technologies, Groningen (Niederlande)
Geldokumentation:	OneDScan	MWG Biotech, Ebersberg

Bildverarbeitung:	Adobe Photoshop 6.0	Adobe Systems, San Jose (USA)
	AxioVision LE, Release 4.4	Carl Zeiss Vision GmbH, Jena
Standardsoftware:	MS Office 2003	Microsoft, Redmond (USA)

3.4 Bakterienstämme

Tabelle 1: Bakterienstämme

Stamm	Charakteristika	Referenz/ Herkunft
Vibrio fischeri	DSM Nr. 507, ATCC 7744 Neubenennung: *Aliivibrio fischeri*	Urbanczyk et al. (2007)/ DSMZ, Braunschweig
Escherichia coli DH5α	F⁻Φ 80d*lacZ*ΔM15 Δ(*lacZYA-argF*) U169 *recA*1 *endA*1 *hsdR*17(r_k^-, m_k^+) *phoA supE*44 λ⁻ *thi*-1 *gyrA*96 *rel*A1; weit verbreiteter Klonierungsstamm	Invitrogen Life Technologies, Groningen (Niederlande)
E. coli BW18812	DE3(*lac*)X74 Δ*phoA*532 *phn*(*EcoB*) Δ*uidA*(*Mlu*I) Deletion von 695 bp aus dem nativen *uidA*	Metcalf und Wanner (1993)/ *E. coli* Genetic Stock Center, New Haven (USA)

3.5 Primer, Sonde

Tabelle 2: Oligonukleotide (Primer)

Nr.	Sequenz (5' → 3')	Verwendungszweck
p400	AGGATCCGGGCCCTTAACTTTTAAA GTATGGGCAATCAATT	5' von *luxR* mit dem nativen Promotor bis *luxI* aus *V. fischeri*
p401	AGGATCCACCAACCTCCCTTGCGTT T	3' von *luxR* mit dem nativen Promotor bis *luxI* aus *V. fischeri*
p402	AGGGCCCACTAGTTGTAGGGAGGTA TCCATGG	5' von RBS und *aadA* aus pICF5341 ohne *Bam*H I
p403	AGGTACCTTATTTGCCAACTACCTTA GTGATCTC	3' von RBS und *aadA* aus pICF5341 ohne *Bam*H I
p404	ATACCTGCAGGGGTACCGCTAGCTA TTGTTTGCCTCCCTGC	5' von *uidA* mit 5'-UTR aus pICF7312
p405	GGATCCTATAGGGAGACCACAAC	3' von *uidA* mit 5'-UTR aus pICF7312

p406	CATTAAGCTTCCACCACGTCAAG	5' INSL (*orf131*) und Trpl32 aus pICF1050
p407	ATCTAAGCTTGGTACCGAGCTCATAA GTAATAAAACGTTCG	3' INSL (*orf131*) und Trpl32 aus pICF1050
p410	ATGATGTATTTGGGATCCTAATCATG GTCATAGCTGTTTC	5' inverse PCR, an *lux*-Box *PrbcL*-Fragment (32bp) +*Bam*HI
p411	TCGTGATTACTCTTTCATATCTCGAG TATACCTGTACGATCC	3' inverse PCR, an *lux*-Box *PrbcL*-Fragment (32bp)
p412	TGTAGGGAGGGATCAATGAAAGACA TAAATGCCGACG	*luxR* + RBS + *PrrnP1* über 2 PCRs
p413	CTTTCATTGATCCCTCCCTACAACTG CGCCCGGAGTTCGC	*luxR* + RBS + *PrrnP1* über 2 PCRs
p414	ACTAGTCGACGGCGCCGTCGTTCAA TGAG	*luxR* + RBS + *PrrnP1* über 2 PCRs
p415	ACTAGTCGACACCCATCTCTTTATCC TTACC	5' von *V. fischeri lux*-Promotor stromaufwärts der *lux*-Box
p416	TATCGTCGACACTTATGTTAAACAAT TGTATTTCAAG	3' von *V. fischeri lux*-Promotor stromaufwärts der *lux*-Box
p437	TAGGATCGTACAGGTATACTCGAGTA ATCATGGTCATAGCTGTTTC	5' von *lux*-Box über inverse PCR eingefügt in pICF7341
p438	CAGGTAGTCGACGCGTGGGCCCAC TGGCCGTCGTTTTAC	3' von *lux*-Box über inverse PCR eingefügt in pICF7341
p496	AGCGAAGCGAGTTCCATTAC	Sequenzierprimer seq1 für *Kpn* I-Kassette in pSB-Vektoren
p497	GGCACAGCACATCAAAGAG	Sequenzierprimer seq2 für *Kpn* I-Kassette in pSB-Vektoren
p498	ACACTCTGTCTGGCTTTTGG	Sequenzierprimer seq3 für *Kpn* I-Kassette in pSB-Vektoren
p499	GACCCACACTTTGCCGTA	Sequenzierprimer seq4 für *Kpn* I-Kassette in pSB-Vektoren
p500	CGTCGTTCAATGAGAATGG	Sequenzierprimer seq5 für *Kpn* I-

		Kassette in pSB-Vektoren
p501	AAGACATAAATGCCGACGAC	Sequenzierprimer seq5A für *Kpn* I-Kassette in pSB A
p502	TGGCTTCGGAATGCTTAGT	Sequenzierprimer seq6 für *Kpn* I-Kassette in pSB-Vektoren
p503	TTGCTGGCCGTACATTTG	Sequenzierprimer seq7 für *Kpn* I-Kassette in pSB-Vektoren
p504	AGCGAAATGTAGTGCTTACG	Sequenzierprimer seq8 für *Kpn* I-Kassette in pSB-Vektoren

Die Oligonukleotide wurden von MWG Biotech (Ebersberg) produziert.

Tabelle 3: Sonde

Sonde	Position im Plastom	Herstellung
INSR	100951-100203, 141679-142427	ausgeschnitten aus pSB D mit *Eco*RI

3.6 Molekularbiologische ‚kits' und DNA-Längenstandards

MinElute Gel Extraction Kit Qiagen	Qiagen, Hilden
MinElute PCR Purification	Qiagen, Hilden
pGEM®-T Easy Vector Systems	Promega, Mannheim
Qiagen PCR Cloning Kit	Qiagen, Hilden
Qiagen Plasmid Maxi Kit	Qiagen, Hilden
Qiaprep Spin Miniprep Kit	Qiagen, Hilden
QIAquick Gel Extraction Kit Qiagen	Qiagen, Hilden
QIAquick PCR Purification Kit	Qiagen, Hilden
DIG-High Prime DNA Labeling and Detection Starter Kit I	Roche Applied Science, Basel (Schweiz)
Qiagen Genomic DNA-Preparation	Qiagen Hilden

λ*Eco*47I DNA Marker
λ*Hind*III DNA Marker
GeneRulerTM 1 kb DNA Ladder
GeneRulerTM 50 bp DNA Ladder
DNA-Marker II for Genomic DNA Analysis

Alle Marker wurden von MBI-Fermentas (St. Leon-Rot) produziert.

3.7 Vektoren

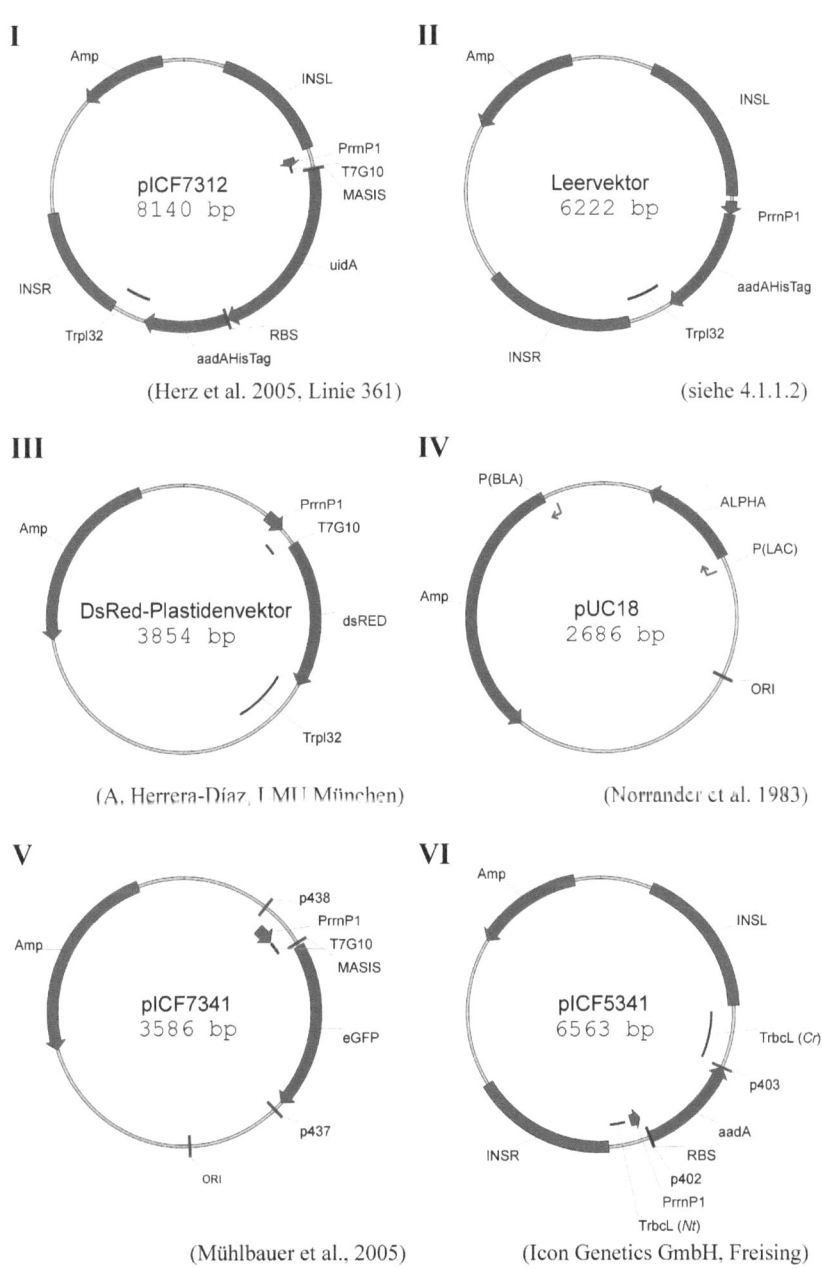

I (Herz et al. 2005, Linie 361)

II (siehe 4.1.1.2)

III (A. Herrera-Díaz, LMU München)

IV (Norrander et al. 1983)

V (Mühlbauer et al., 2005)

VI (Icon Genetics GmbH, Freising)

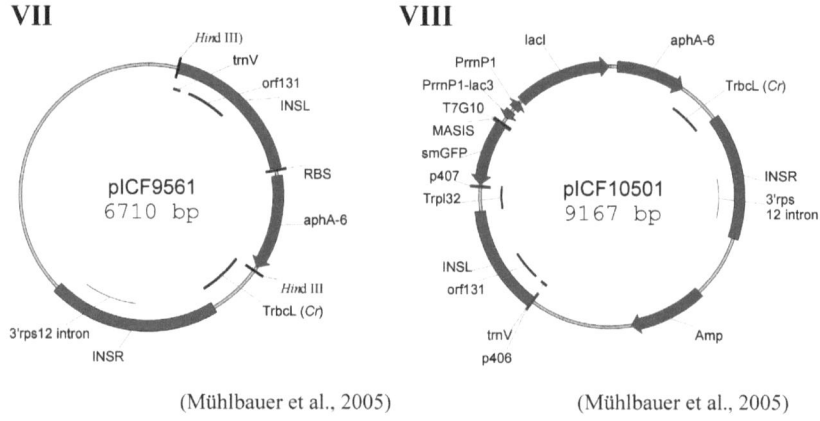

(Mühlbauer et al., 2005)   (Mühlbauer et al., 2005)

Abbildung 6: Vektoren

3.8 Medien, Antibiotika

3.8.1 Medien für die Pflanzenkultur

RMOP

MS-Salze	4,4 g
100x NT-Vitamine	10 ml
BAP [1 mg/ ml]	1 ml
NAA [1 mg/ ml]	0,1 ml
Saccharose	30 g
(Agar – Duchefa Biochemie	6 g)
pH 5,8 (KOH)	

Auf 1 l mit ultrafiltriertem H_2O auffüllen, autoklavieren. Für Festmedium vor dem Autoklavieren Agar wie angegeben zugeben. Für die Selektion 500 µg/ l Spectinomycin bzw. 500 µg/ l Streptomycin zugeben, wenn das Medium auf mindestens 60°C abgekühlt ist.

100x NT-Vitamine (Nagata und Takebe, 1971)

Inosit	10 g
Thiamin-HCl	100 mg

Auf 1 l mit ultrafiltriertem H_2O auffüllen. In 100 ml Aliquots einfrieren (-20°C).

MS-Salze (Murashige und Skoog, 1962)

NH_4NO_3	1650
KNO_3	1900
$CaCl_2 \cdot 2\ H_2O$	440
$MgSO_4 \cdot 7\ H_2O$	370
KH_2PO_4	170
Fe(III)-EDTA	40
KJ	0,83
H_3BO_3	6,2
$MnSO_4 \cdot H_2O$	22,3
$ZnSO_4 \cdot 7\ H_2O$	8,6
$Na_2MoO_4 \cdot 2\ H_2O$	0,25
$CuSO_4 \cdot 5\ H_2O$	0,025
$CoCl_2 \cdot 6\ H_2O$	0,025

Angaben in mg/ l.

B$_5$mod (Dovzhenko et al., 1998)

B$_5$-Salze	3,1 g
100x B$_5$-Vitamine	10 ml
$MgSO_4 \cdot 7\ H_2O$	0,983 g
Saccharose	20 g
(Agar – Duchefa Biochemie	8 g)
pH 5,8 (KOH)	30 g

Auf 1 l mit ultrafiltriertem H₂O auffüllen, autoklavieren. Für Festmedium vor dem Autoklavieren Agar wie angegeben zugeben.

100x B$_5$-Vitamine (Gamborg et al., 1968)

Inosit	10 g
Pyridoxin-HCl	100 mg
Thiamin-HCl	1 g
Nicotinsäure	100 mg

Auf 1 l mit ultrafiltriertem H₂O auffüllen. In 100 ml Aliquots einfrieren (-20°C).

B₅-Salze (Gamborg et al., 1968)

KNO₃	2500
CaCl₂ · 2 H₂O	150
MgSO₄ · 7 H₂O	250
NaH₂PO₄ · 2 H₂O	150
(NH₄)SO₄	134
Fe(III)-EDTA	40
KJ	0,75
H₃BO₃	3
MnSO₄ · H₂O	10
ZnSO₄ · 7 H₂O	2
Na₂MoO₄ · 2 H₂O	0,25
CuSO₄ · 5 H₂O	0,025
CoCl₂ · 6 H₂O	0,025

Angaben in mg/ l.

3.8.2 Medien für Protoplasten

Enzymlösungen

1 g Cellulase R10 bzw. Macerase R10 wurden in einem Becherglas eingewogen, 10 ml autoklaviertes, ultrafiltriertes Wasser zugegeben und bis zur Lösung gerührt. Zu 10 ml Enzymlösung wurden 1,37 g Saccharose zugegeben. Die Lösung wurde sterilfiltriert und in 10 ml Aliquots eingefroren.

10 % Cellulaselösung

Cellulase R10	100 g/ l
Saccharose	137 g/ l

10 % Maceraselösung

Mazerozym R10	100 g/ l
Saccharose	137 g/ l

F-PCN - Fast Protoplast Culture Medium Nicotiana (Dovzhenko et al., 1998)

10x Macro MS-modified	100 ml
2 M Ammoniumsuccinat	10 ml
100x Micro MS	10 ml
100x PC-Vitamine	10 ml
Polypuffer (oder MES)	10 ml (oder 1,952 g MES)
BAP (6-Benzylamino-Purin-Lösung, 1 mg/ ml)	1 ml
NAA (α-Naphtyl-Essigsäure-Lösung, 1 mg/ ml)	100 µl
Saccharose (ultrapur)	20 g
Glukose	~ 65g (550 mOsm)
pH 5,8 (KOH)	

Auf 1 l mit ultrafiltriertem, frisch autoklavierten H_2O auffüllen. Sterilfiltrieren mit 0,1 µm-Filter.

F-PIN – Fast Protoplast Isolation Medium Nicotiana (Dovzhenko et al., 1998)

10x Macro MS-modified	100 ml
2 M Ammoniumsuccinat	10 ml
100x Micro MS	10 ml
100x PC-Vitamine	10 ml
Polypuffer (oder MES)	10 ml (oder 1,952 g MES)
BAP (6-Benzylamino-Purin-Lösung, 1 mg/ ml)	1 ml
NAA (α-Naphtyl-Essigsäure-Lösung, 1 mg/ ml)	100 µl
Saccharose (ultrapur)	~ 130 g (550 mOsm)
pH 5,8 (KOH)	

Auf 1 l mit ultrafiltriertem, frisch autoklavierten H_2O auffüllen. Sterilfiltrieren mit 0,1 µm-Filter.

10x Macro MS-modified

KNO_3	10,12 g
$CaCl_2 \cdot 2H_2O$	4,4 g
$MgSO_4 \cdot 7H_2O$	3,7 g
KH_2PO_4	1,7 g

Auf 1 l mit ultrafiltriertem, autoklavierten H_2O auffüllen. In 100 ml Aliquots einfrieren (-20°C).

Mannit-Medium

10x Macro MS-modified	100 ml
2 M Ammoniumsuccinat	10 ml
100x Micro MS	10 ml
100x PC-Vitamine	10 ml
Polypuffer (oder MES)	10 ml (oder 1,952 g MES)
NAA (1 mg/ ml)	100 µl
Mannit (ultrapur)	~ 86 g (550 mOsm)
pH 5,8 (KOH)	

Auf 1 l mit ultrafiltriertem, frisch autoklavierten H_2O auffüllen. Sterilfiltrieren mit 0,1 µm-Filter.

100x PC-Vitamine

$CaCl_2 \cdot 2\ H_2O$	20 g
Inosit	20 g
Pyridoxin-HCl	200 mg
Thiamin-HCl	100 mg
Biotin	2 mg
Ca-Panthotenat	200 mg
Nicotinsäure	200 mg

Auf 1 l mit ultrafiltriertem, autoklavierten H_2O auffüllen. In 10 ml Aliquots einfrieren (-20°C).

100x Micro MS

Fe(III)-EDTA	4 g
KJ	75 mg
H_3BO_3	300 mg
$MnSO_4 \cdot H_2O$	1 g
$ZnSO_4 \cdot 7\ H_2O$	200 mg
$Na_2MoO_4 \cdot 2\ H_2O$	25 mg
$CuSO_4 \cdot 5\ H_2O$	2,5 mg
$CoCl_2 \cdot 6\ H_2O$	2,5 mg

Auf 100 ml mit ultrafiltriertem, autoklavierten H_2O auffüllen. In 100 ml Aliquots einfrieren (-20°C).

2 M Ammoniumsuccinat

Bernsteinsäure (Succinat)	23,6 g
NH$_4$Cl	10,6 g
KOH-Plätzchen	22,4 g
pH 5,8 (KOH)	

Auf 100 ml mit ultrafiltriertem, autoklavierten H$_2$O auffüllen. Sterilfiltrieren mit 0,2 µm Filter.

3.8.3 Transformationsmedien

MMM – MES-Magnesium Mannit (Dovzhenko et al., 1998)

MES	1952 mg
MgSO$_4$ · 7 H$_2$O	1250 mg
MgCl$_2$ · 6 H$_2$O	1020 mg
Mannit	~ 85 g (550 mOsm)
pH 5,8 (KOH)	2 mg

Auf 1 l mit ultrafiltriertem autoklavierten H$_2$O auffüllen. Sterilfiltrieren mit 0,1 µm-Filter.

Transformationsmedium für Protoplasten (PEG-Methode)

Mg	Ca	Li
MgCl$_2$ · 6 H$_2$O – 3045 mg	CaCl$_2$ · 2 H$_2$O – 2203 mg	LiCl – 636 mg
MES – 1 g		
Mannit – ~ 85 g (550 mOsm)		
pH 5,6 (KOH)		

Auf 1 l mit ultrafiltriertem autoklavierten H$_2$O auffüllen. Sterilfiltrieren mit 0,1 µm-Filter.

40%ige PEG-Lösung

Mannit	1,275 g
Ca(NO$_3$)$_2$ · 4 H$_2$O	413 mg
mit ultrafiltriertem, autoklavierten H$_2$O auf	17,5 ml auffüllen
PEG-1500 (40% w/v)	10 g
pH 9,75 (KOH)	

Sterilfiltrieren mit 0,2 µm-Filter. Aliquotieren und bei -20°C lagern.

3.8.4 Medien für Bakterien

Luria-Bertani (LB)-Medium

Hefeextrakt	5 g
Bacto-Trypton	10 g
NaCl	10 g
(Agar-Agar	15 g)
pH 7 (KOH)	

Auf 1 l mit ultrafiltriertem H_2O auffüllen. LB-Medium dient zur Kultivierung von *E. coli*-Stämmen. Für Festmedium vor dem Autoklavieren wie angegeben Agar-Agar dazugeben. Dem autoklavierten Medium werden nach Abkühlung auf mindestens 60°C bei Bedarf Antibiotika zugegeben.

***Vibrio fischeri*-Kulturmedium (DMSZ-Medium 246)**

Fleischextrakt	10 g
Pepton	10 g
Leitungswasser	250 ml
artifizielles Seewasser	750 ml

Fleischextrakt mit Pepton im Leitungswasser erhitzen (zum Lösen) und mit NaOH auf pH 7,8 einstellen. 10 min kochen, anschließend pH auf 7,3 mit 5 M HCl einstellen. Bei Festmedium 20 g/ l Agar dazugeben. Autoklavieren und nach Abkühlen das sterile „artifizielle Seewasser" zugeben.

Artifizielles Seewasser

NaCl	28,13 g
KCl	0,77 g
$CaCl_2 \cdot 2\ H_2O$	1,6 g
$MgCl_2 \cdot 6\ H_2O$	4,8 g
$NaHCO_3$	0,11 g
$MgSO_4 \cdot 7\ H_2O$	3,5 g

Auf 1 l mit ultrafiltriertem H_2O auffüllen und sterilfiltrieren.

3.8.5 Antibiotika

Tabelle 4: Verwendete Antibiotika

Antibiotika	Gelöst in	Stocklösung	Bakterienkultur	Pflanzenkultur
Ampicillin	H_2O	10 mg/ ml	50-100 µg/ ml	-
Spectinomycin	H_2O	100 mg/ ml	100 µg/ ml	500 µg/ ml
Streptomycin	H_2O	50 mg/ ml	100 µg/ ml	500 µg/ ml

3.9 Pflanzen-Transformation

3.9.1 In vitro-Kultur von Nicotiana tabacum

Für die sterile Anzucht von Nicotiana tabacum L. cv. Petit Havana war eine Oberflächensterilisierung der Samen notwendig, die folgendermaßen durchgeführt wurde: mit 70 % Ethanol 1 min waschen, dann in 5 % Chlorox 10 min und am Ende in sterilem H_2O 3 x 10 min waschen. Falls die Samen gelagert werden sollen, ist es notwendig, sie zu trocknen, um ein Keimen zu verhindern. Das Keimen der Samen erfolgte in Magentaboxen oder Kirschgläsern mit B_5mod-Medium in der Klimakammer bei 25°C, 2000 Lux (Osram L58 W/25 Weiss/Universal, 16 h Licht/ Tag). Nach etwa einer Woche konnten die Keimlinge vereinzelt werden und wurden zu diesem Zweck in Kirschgläser mit je 120 ml B_5mod-Medium überführt. Nach etwa drei weiteren Wochen erreichten die Pflanzen eine optimale Größe für die Isolation von Protoplasten.

3.9.2 Protoplasten-Isolation

3.9.2.1 Präplasmolyse der Blätter und Verdau

Voll entwickelte Blätter wurden steril aus dem Kulturgefäß entnommen und in feine, ca. einen Millimeter breite Streifen geschnitten, wobei die Mittelrippe entfernt und verworfen wurde. Zur Präplasmolyse wurden die Blätter mit der Blattunterseite in 10 ml F-PIN-Lösung gelegt, bzw. zur Vermeidung der Stärkeakkumulation in Mannit-Medium. Nach 1-2 h Adaption an das Medium wurde die Lösung durch eine enzymhaltige Lösung (9,5 ml F-PIN oder Mannit-Medium mit 250 µl Cellulase + 250 µl Macerase) ersetzt. Die Blätter wurden ca. 16 h im Dunkeln bei 25°C inkubiert.

3.9.2.2 Isolierung der Protoplasten

Durch eine Reinigung über Filtration und Stufengradienten-Zentrifugation wurden intakte („flotierende") Mesophyll-Protoplasten angereichert: Dazu wurde die Protoplasten/ Enzymmischung durch einen 100 µm-Metallfilter in sterile Polypropylen-Kulturröhrchen 2059 überführt, mit 2 ml F-PCN überschichtet und bei 70 g 10 min im Ausschwingrotor zentrifugiert. Wurde der Verdau in Mannit-Medium durchgeführt, wurden die filtrierten Protoplasten zunächst pelletiert, in 10 ml F-PIN aufgenommen und wie oben mit 2 ml F-PCN überschichtet und zentrifugiert. Es bildeten sich drei Banden, wovon die mittlere mit einer Pasteurpipette vorsichtig abgesaugt und in ein neues steriles Röhrchen transferiert wurde. Nachdem mit dem jeweiligen Transformationsmedium (3.8.3) auf 10 ml aufgefüllt wurde, erfolgte die Bestimmung der Zelldichte mit einer Fuchs-Rosenthal-Zählkammer unter dem Lichtmikroskop. Anschließend wurden die Protoplasten 10 min bei 50 g im Ausschwingrotor zentrifugiert und das Pellet in einem entsprechenden Volumen Transformationsmedium resuspendiert, um die Dichte der Protoplasten auf 5×10^6/ ml einzustellen. Das Licht war bei allen Vorgängen mit Protoplasten in der Sterilbank ausgeschaltet, da diese lichtempfindlich sind.

3.9.3 Alginat-Einbettung

100 µl der Protoplastensuspension (= 500000 Protoplasten) wurden mit 2,9 ml F-PCN-Medium verdünnt und diese Suspension dann 1:1 mit F-Alginat vorsichtig gemischt. Je 625 µl Protoplasten/ Alginatmischung wurde auf eine Ca^{2+}-Agarplatte pipettiert und sofort ein Polypropylen-Netz (10 x 10 Maschen) auflegt. Nach 30 bis 60 min war das Alginat ausgehärtet und das Netz mit den Protoplasten konnte mit der Oberseite nach unten in 10 ml F-PCN transferiert werden. Nach einer Stunde Äquilibrierung wurden die 10 ml gegen 2 ml frisches F-PCN-Medium ausgetauscht. Das Licht war bei allen Vorgängen mit Protoplasten in der Sterilbank ausgeschaltet, da diese lichtempfindlich sind.

F-Alginat

MES	137 mg
$MgSO_4 \cdot 7\,H_2O$	25 mg
$MgCl_2 \cdot 6\,H_2O$	204 mg
Mannit	ca. 7,7 g (550 mOsm)
Alginat	2,4 g
pH 5,8 (KOH)	

Auf 100 ml mit ultrafiltriertem H_2O auffüllen und autoklavieren.

3.9.4 Transformation mit der biolistischen Methode

3.9.4.1 Vorkultur der Mikrokolonien

Die Protoplasten, eingebettet in Alginat (3.9.3), wurden in F-PCN-Medium einen Tag im Dunkeln und danach eine Woche im Licht in der Klimakammer bei 25°C bei 2000 Lux (Osram L58 W/25 Weiss/Universal, 16 h Licht/ Tag) kultiviert. Wenn die Mikrokolonien ein 16 bis 32-Zellstadium erreicht hatten, wurden sie auf eine 9 cm-RMOP-Platte transferiert und konnten am nächsten Tag mit Hilfe der *particle gun* Modell „PDS-1000/ He Biolistic Delivery System" (Bio-Rad) transformiert werden.

3.9.4.2 Vorbereitung und Beladen der Goldpartikel

36 µl einer Goldpartikel-Suspension (*microcarrier*, 60 mg/ ml in 100 % Ethanol, Korngröße 600 nm) wurden zentrifugiert (10000 g), das Pellet in 1 ml Wasser aufgenommen und erneut zentrifugiert. Nach der Resuspendierung des Pellets in 230 µl Wasser und 250 µl 2,5 M $CaCl_2$-Lösung, wurde 25 µg Vektor-DNA (in sterilem Wasser gelöst) dazugegeben, so dass die DNA über Ca^{2+} an die Goldpartikel gebunden wurde. Dieser Komplex wurde durch eine wasserlösliche Spermidinhülle geschützt. Hierfür wurden 50 µl 0,1 M Spermidin zugegeben und der Ansatz 10 min auf Eis inkubiert. Dabei war eine Resuspendierung alle 2-3 min durch ‚Vortexen' notwendig. Die beladenen *microcarrier* wurden bei 8000 g pelletiert, zweimal mit 100 % Ethanol gewaschen und in 72 µl 100 % Ethanol resuspendiert.

3.9.4.3 Transformation

Die *macrocarrier* wurden in die vorgesehene Halterung der *particle gun*, Modell „PDS-1000/ He Biolistic Delivery System" (Bio-Rad, Abbildung 7) eingefügt. Um zu verhindern, dass die *microcarrier* verklumpten und diese größeren Komplexe die Plastiden schädigten, war ein kräftiges Mischen notwendig, bevor 5,4 µl der *microcarrier*-Suspension auf die *macrocarrier* pipettiert wurden. Eine *rupture disc* wurde in die Halterung vor dem Druckrohr inseriert, der *stopping screen* und der *macrocarrier* (mit den *microcarriern* nach unten) eingelegt. Die Mikrokolonien auf der 9 cm-RMOP-Platte wurden in das dritte Fach von unten gelegt. Nach dem Anlegen des Vakuums und dem Aufbau des Helium-Druckes, zerriss die *rupture disc* bei 900 psi und der *macrocarrier* wurde beschleunigt. Dieser wurde durch den *stopping screen* gestoppt, wodurch die *microcarrier* in das Blatt geschossen wurden. Nach der Entfernung des Vakuums konnte die Petrischale mit den Mikrokolonien wieder steril verschlossen werden.

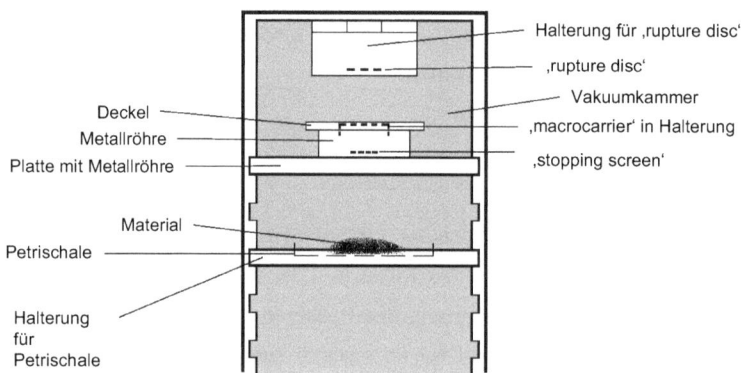

Abbildung 7: Schema des Modells „PDS-1000/ He Biolistic Delivery System"
Hersteller Bio-Rad; verändert nach Dovzhenko (2001)

3.9.5 Transformation mittels PEG (Standardprotokoll)

Das Licht war bei allen Vorgängen mit Protoplasten in der Sterilbank ausgeschaltet, da diese lichtempfindlich sind. Für die PEG-Transformation wurden 100 µl der

Protoplastensuspension (500000 Protoplasten), im Magnesium-Transformationsmedium an den Rand einer schräg gestellten Petrischale (Durchmesser 6 cm) pipettiert. Auf die Suspension wurde 50 µl Plasmid-DNA (50 µg DNA, gelöst in TE-Puffer pH 5,6, darin enthalten 7 µl F-PCN) getropft und durch hin- und herbewegen der Petrischale gemischt. Anschließend wurde 125 µl warme PEG-Lösung aufgetropft (Endkonzentration 18,2 % v/v) und ebenfalls vorsichtig gemischt. Nach 7,5 min Inkubation wurden zuerst 125 µl, nach weiteren 2 min 2,6 ml F-PCN vorsichtig zugegeben und gemischt. Die Protoplasten wurden zunächst über Nacht bei Dunkelheit im Kulturraum bei 25°C inkubiert. In dieser Zeit bildeten sie wieder eine Zellwand aus und konnten anschließend bei der Standard-Beleuchtung (2000 Lux: Osram L58 W/25 Weiss/Universal, 16 h Licht/ Tag) weiterkultiviert werden. Nach 1 bis 3 Tagen wurden die Zellen geerntet. Dazu wurden sie in Polypropylen-Kulturröhrchen 2059 überführt und bei 70 g 10 min im Ausschwingrotor zentrifugiert. Das Pellet wurde anschließend für die Proteinextraktion sofort auf Eis gestellt bzw. zur Herstellung stabiler Transformanten wurde wie in 3.9.7 beschrieben fortgefahren.

3.9.6 Transformation mittels PEG (optimiertes Protokoll)

Das Licht war bei allen Vorgängen mit Protoplasten in der Sterilbank ausgeschaltet, da diese lichtempfindlich sind. Für die PEG-Transformation wurden 100 µl der Protoplastensuspension (500000 Protoplasten) im Calcium-Transformationsmedium unten auf den Boden eines Polypropylen-Kulturröhrchen 2059 pipettiert. Auf die Suspension wurde 50 µl Plasmid-DNA (50 µg DNA, gelöst in TE-Puffer pH 5,6, darin enthalten 7 µl F-PCN) getropft und durch sanftes hin- und herschwenken des Röhrchens gemischt. Anschließend wurde 15 µl DMSO in 125 µl warmer PEG-Lösung gemischt, alles zusammen aufgetropft und ebenfalls vorsichtig durch Schwenken gemischt. Nach 7,5 min Inkubation wurden 125 µl F-PCN (zur Vermeidung der Stärkeakkumulation Mannit-Medium) zugegeben und durch Schwenken gemischt. Nach weiteren 2 min wurde schrittweise mit F-PCN (zur Vermeidung der Stärkeakkumulation mit Mannit-Medium) aufgefüllt (~3 ml, ~6 ml, ~12 ml), dazwischen durch vorsichtiges Invertieren des Röhrchens gemischt. Am Ende wurde die Protoplastensuspension 10 min bei 50 g im Ausschwingrotor zentrifugiert, das Pellet in 3 ml F-PCN (zur Vermeidung der Stärkeakkumulation in Mannit-Medium) aufgenommen und in Petrischalen mit 6 cm Durchmesser gegeben. Die Protoplasten wurden über Nacht bei Dunkelheit im Kulturraum bei 25°C inkubiert, in der Zeit sie wieder eine Zellwand ausbildeten und anschließend geerntet. In Polypropylen-Kulturröhrchen 2059 wurde 6 ml F-PIN vorgelegt und mit der Zellsuspension vorsichtig überschichtet. Das ganze wurde bei 70 g 10 min im Ausschwingrotor zentrifugiert und die Zellen an der Grenzschicht zwischen F-PIN und F-PCN bzw. F-PIN und Mannit-Medium vorsichtig abgenommen und in ein neues Röhrchen transferiert. Es folgte ein weiterer Waschschritt mit F-PCN bzw. Mannit-Medium und eine Zentrifugation bei 50 g 10 min im Ausschwingrotor. Das Pellet wurde anschließend für die Proteinextraktion sofort auf Eis gestellt bzw. zur Herstellung stabiler Transformanten wurde wie in 3.9.7 beschrieben fortgefahren.

3.9.7 Herstellung stabiler Plastomtransformanten (Selektionsmarker *aadA*)

Bei den mit der biolistischen Methode transformierten Mikrokolonien wurden die Netze nach zwei Tagen auf eine 9 cm-RMOP-Platte mit 500 µg/ ml Spectinomycin transferiert. Bei Protoplasten, die mit der PEG-Methode transformiert wurden, erfolgte zunächst eine Einbettung in F-Alginat (3.9.3). Anschließend wurden die Netze sieben Tage in F-PCN kultiviert und nach Ausbilden von Mikrokolonien (16-32 Zellstadium) auf die RMOP-Spectinomycin-Platte transferiert. Nach zwei Wochen wurden die Kulturen auf neue Platten umgesetzt. Dieser Schritt wurde alle drei Wochen wiederholt. Die Explantate blichen aus, nach ca. sechs Wochen bildeten sich grüne Regenerate. Diese wurden auf 6 cm-RMOP-Platten mit 500 µg/ ml Streptomycin umgesetzt. Um einen homoplastomischen Status zu erreichen, wurden alle drei Wochen (entspricht einem Selektionszyklus) die grünsten Bereiche oder Sprosse auf eine neue 6 cm-RMOP-Platte mit 500 µg/ ml Spectinomycin transferiert. Isolierte Sprosse konnten auf 70 ml B_5mod-Medium mit 500 µg/ ml Spectinomycin in Magenta-Boxen bewurzelt werden, worauf ein Transfer ins Gewächshaus zur Samenproduktion erfolgen konnte.

3.10 Analyse der Transformanten

3.10.1 Southern-Analyse

3.10.1.1 Restriktionsanalyse

Der Nachweis der gerichteten Insertion der gewünschten Sequenzen und des homoplastomischen Zustands der transplastomischen Linien erfolgte über eine Southern-Analyse. Die DNA wurde mit der CTAB-Methode (3.13.2) isoliert. Von putativen plastidären Transformanten wurde 2 µg DNA eingesetzt. Die DNA wurde mit *Kpn* 2I über Nacht bei 55°C geschnitten. Die Auftrennung der DNA-Fragmente erfolgte mit einem Agarose-Gel (0,8 %, mit 0,3 µg Ethidiumbromid/ ml Gel).

3.10.1.2 Depurinierung

Bei Fragmenten über 10 kb ist eine Depurinierung der DNA notwendig, um einen Transfer auf die Membran zu ermöglichen. Die Depurinierung erfolgte durch eine Inkubation in 0,125 M HCl für 10 min. Sie wurde durch Waschen mit 0,4 M NaOH gestoppt. Das Gel wurde anschließend 30 min in frischem 0,4 M NaOH unter leichtem Schwenken inkubiert, um die DNA für den alkalischen Transfer zu denaturieren.

3.10.1.3 Alkalischer Transfer

Der Transfer der DNA auf eine positiv geladene Nylonmembran (N+- Nylonmembran, Amersham, Freiburg) erfolgte in 0,4 M NaOH über Nacht durch Kapillarsog. Der Transfer wurde im alkalischen pH-Bereich durchgeführt, um die DNA einzelsträngig auf die Membran zu übertragen (Abbildung 8). Die Membran wurde nach dem Transfer zweimal in 2x SSC-Puffer gewaschen, um sie zu neutralisieren. Die Fixierung der DNA erfolgte bei 80°C 2 h oder UV-Bestrahlung mit dem „Ultraviolet Crosslinker" (Amersham, jetzt GE Healthcare, München).

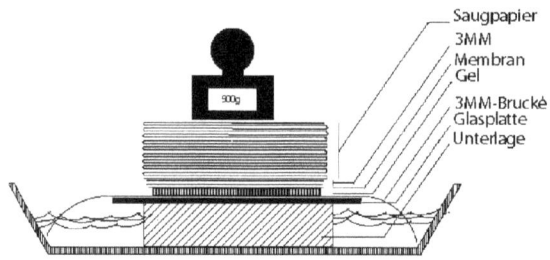

Abbildung 8: DNA-Transfer (Kapillar-Methode)
(Zeichnung Lössl, unveröffentlicht)

20x SSC-Puffer

NaCl	3,0 M
Natriumcitrat (pH 7)	0,3 M

3.10.1.4 Sonde

Die Sonde INSR wurde mit dem „DIG-High Prime DNA Labelling and Detection Starter Kit I" (Roche Applied Science) hergestellt. Dafür wurde pSB D mit *Eco*R I verdaut, das 749 bp große Fragment (aus der rechten Insertionsflanke INSR) über eine Gelelektrophorese isoliert und nach Herstellerangaben mit DIG markiert. Dazu wurde sich eines Desoxyuridintriphosphates (dUTP) bedient, das über eine Kohlenstoffkette als Spacer mit der C-5-Position von Digoxigenin (DIG) verbunden ist, ein Steroid aus Digitalis. Das Digoxigenin-dUTP wurde durch *random primed labelling* in das 749 bp-Fragment eingebaut. Bei dieser Methode wird die doppelsträngige Ziel-DNA denaturiert und mit hexamerischen Primern von zufälliger Sequenz hybridisiert, die dann als Primer für, in diesem Fall, das Klenow-Enzym dienen, welches anschließend den DNA-Strang kopiert. Ebenfalls wurde der Marker (DNA Marker II for Genomic Analysis, Fermentas) mit DIG markiert. Es wird vom Hersteller eine Sensitivität von bis zu 0,03 pg DNA angegeben, die mit diesen Sonden detektiert werden kann.

3.10.1.5 Detektion

Die Hybridisierung mit der DIG-markierten Sonde aus 3.10.1.4 erfolgte bei 42 °C mit „DIG-High Prime DNA Labelling and Detection Starter Kit I" (Roche Applied Science) nach Herstellerangaben. Mit diesem Kit fand auch die immunologische Detektion der DIG-markierten DNA mit einem anti-DIG-Antikörper statt, der mit einer alkalischen Phosphatase konjugiert war. Nach Zugabe von CSPD (Disodium 3-(4-Methoxyspiro [1,2-Dioxetan-3,2´-(5'-Chloro)tricyclo [$3.3.1.1^{3,7}$]decan]-4-yl)phenylphosphat), einem Dioxetan-Phenylphosphat, das von der alkalischen Phosphatase dephosphoryliert wird, kann die dadurch entstehende Chemilumineszenz mittels einem Röntgenfilm (Hyperfilm ECL" 18 x 24 cm, Amersham, Freiburg) detektiert werden.

3.10.2 Induktionsassay

Für den Induktionsassay wurden je 3 ml ½ MS-Salzlösung in Petrischalen mit 3,5 cm Durchmesser vorgelegt. Für die Induktion wurden je 3 µl 1 M *Vf*HSL-Lösung (Endkonzentration 1 mM), für die Kontrolle 3 µl 100%igen Ethanol (1 % v/v) dazugegeben und gemischt. Schließlich wurden aus den Blättern der zu untersuchenden Pflanzen 3 Blattscheiben (Durchmesser 13 mm) ausgestanzt und mit der Blattunterseite auf die Lösung gelegt. Die Blattscheiben wurden mit kleinen Bechergläsern beschwert, so dass sie vollständig von der Lösung bedeckt waren. Über eine Saugglocke wurde anschließend Vakuum für dreimal 10 sek angelegt. Die Petrischalen wurden mit Parafilm verschlossen und für 24 h in der Klimakammer bei 25°C, 2000 Lux (Osram L58 W/25 Weiss/Universal, 16 h Licht/ Tag) inkubiert. Schließlich wurden die Proteine extrahiert (3.10.3.1) und die spezifische GUS-Aktivität bestimmt (3.10.3.3).

½ MS-Salzlösung

    MS-Salze (Sigma-Aldrich)   1,1 g
    pH 5,70

Auf 500 ml mit ultrafiltriertem H_2O auffüllen und autoklavieren.

1 M *Vf*HSL-Lösung

N-(β-Ketocaproyl)-L-Homoserin Lacton (Sigma-Aldrich)   10,66 mg
(= N-3-(Oxohexanoyl)-L-Homoserin-Lacton)

In 50 µl 100%igem Ethanol (reinst) lösen, indem kräftig mit dem Vortexer gemischt wird. Die Lösung immer frisch vor der Anwendung herstellen.

3.10.3 Quantifizierung von GUS

3.10.3.1 GUS-Proteinextraktion

Die Proteinextraktion wurde nach Jefferson et al. (1987) durchgeführt.

Zellen/ Plastiden (transiente PEG-Transformation)
Das Zell- bzw. Plastidenpellet wurde in 150 µl GEP aufgenommen, 10 sek kräftig mit dem Vortexer gemischt, dreimal 10 sek mit Ultraschall im Wasserbad inkubiert, dazwischen auf Eis gestellt. Abschließend wurde wieder 10 sek kräftig mit dem Vortexer gemischt. Dann wurde 24 min bei 26000 g und 4°C zentrifugiert. Der klare Überstand wurde in ein neues Reaktionsgefäß transferiert, 20 µl davon für die Proteinkonzentrationsbestimmung (3.10.3.2) in ein weiteres Reaktionsgefäß aliquotiert. Zu den restlichen 130 µl Proteinextraxt wurde 1,5 µl 0,5 M DTT (frisch hergestellte Lösung bzw. frisch aufgetautes Aliquot, Lagerung bei –20°C) dazugegeben (Endkonzentration ~5 mM). Nach Mischen der Lösung wurden die Proben in flüssigem Stickstoff schockgefroren und bei –80°C gelagert.

Blattscheiben der transplastomen Pflanzen
Die Blattstücke vom Induktionsansatz 3.10.2 wurden aus der Lösung genommen, kurz auf Filterpapier abgetupft und in 2 ml-Reaktionsgefäße mit Schraubdeckel transferiert. Dazu wurden autoklavierte Glaskugeln zugegeben und alles zusammen in flüssigem Stickstoff schockgefroren. Anschließend wurde das Material mit der Schwingmühle MM 200 (Retsch, Haan) homogenisiert. Die Proben wurden auf Eis gestellt und je 150 µl GEP mit 1,5 µl 10 mM Leupeptin (Proteasehemmstoff Leupeptin-Hemisulfat, Roche) und 1,5 µl 0,5 M DTT dazugeben und kurz mit dem Vortexer gemischt. Die Proben wurden nochmals für 10 sek in der Schwingmühle geschüttelt. Die Lösungen sollten jetzt homogen sein und

wurden für 5 min bei 26000 g und 4°C zentrifugiert. Der Überstand wurde in ein neues Reaktionsgefäß transferiert und nochmals für 20 min bei 26000 g und 4°C zentrifugiert. Der klare Überstand wurde in ein neues Reaktionsgefäß transferiert, 20 µl davon für die Proteinkonzentrationsbestimmung (3.10.3.2) in ein weiteres Reaktionsgefäß aliquotiert. Die Proben wurden in flüssigem Stickstoff schockgefroren und bei –80°C gelagert.

GEP – GUS-Extraktions-Puffer

Phosphat-Puffer pH 7,0	50 mM
EDTA	10 mM
N-Lauroylsarcosin	0,1 % (v/v)
Triton X-100	0,1 % (v/v)

Sterilfiltrieren und bei RT lagern.

3.10.3.2 Bestimmung der Proteinkonzentration

Die Bestimmung der Proteinkonzentration erfolgte nach Bradford (1976) und erfolgte von jeder Probe zweimal. Es wurden 5 µl Extrakt mit 95 µl PBS gemischt, dann 1 ml 1:5 verdünnte Bradfordlösung Roti®-Quant (Roth, Karlsruhe) zugegeben und wieder gemischt. Die Reaktion wurde 15 min im Dunkel inkubiert. Die Lösung wurde in Einmal-Küvetten transferiert und bei 595 nm die Absorption gemessen. Eine BSA-Verdünnungsreihe (0, 0,25, 0,5, 1, 2 mg BSA/ ml GEP) wurde zur Ermittlung einer Standardkurve verwendet, mit der anschließend aus den Absorptionswerten der Proben die Proteinkonzentration berechnet wurde.

PBS – *Phosphate-Buffered Saline*

NaCl	8 g
KCl	0,2 g
Na_2HPO_4	1,44 g
KH_2PO_4	0,24 g
pH 7,4 (HCl)	

Auf 1 l auffüllen, aliquotieren und autoklavieren, bei RT lagern.

3.10.3.3 Fluorimetrischer GUS-Nachweis (Methanol)

Eine Quantifizierung der GUS-Aktivität erfolgte mittels eines fluorimetrischen Assays nach Jefferson et al. (1986), modifiziert nach Kosugi et al. (1990). Das Substrat 4-Methyl-Umbelliferyl-β-D-Glucuronid (MUG) wird dabei vom GUS-Protein zu 4-Methyl-Umbelliferon (MU) und Glucuronid hydrolysiert. MU emittiert nach Anregung im UV-Licht (365 nm) bei 460 nm. Die Intensität der Fluoreszenz ist linear abhängig von der MU-Konzentration. Der lineare Bereich liegt nach Jefferson et al. (1987) zwischen der unteren Detektionsgrenze eines Fluorimeters (< 1 nM) bis zu 5-10 µM MU. Brunner (1997) ermittelte in seiner Arbeit einen konstanten Anstieg bis 20 µM MU am Hoefer TKO100 Fluorimeter (Hoefer Scientific Instruments). Mit demselben Gerät wurden die vorliegenden Messungen bis zu dieser Grenze durchgeführt und die Ergebnisse von Brunner bestätigt. Später wurden Proben aus stabil transformierten Pflanzen mit dem Mikrotiterplatten-Lesegerät Tecan SAFIRE II (Tecan Austria GmbH) gemessen und dort sogar eine Linearität bis 100 µM MU erfasst.

Die Proteinextrakte wurden auf Eis aufgetaut und die Proteinkonzentration auf den jeweils kleinsten gemeinsamen Nenner der Proben verdünnt. Die Reaktion wurde durch Zugabe von 10 bis 100 µl Proteinextrakt zum MUG-Reaktionspuffer (Gesamtvolumen 500 µl) gestartet. Die Inkubation erfolgte für 1 bis 18 h bei 37°C im Dunkeln. Innerhalb diesen Zeitraums wurde eine konstante GUS-Aktivität ermittelt, nach 18,5 h nahm sie ab. Zum Zeitpunkt Null und drei weiteren Zeitpunkten wurde ein Aliquot von 100 µl entnommen und mit 900 µl Stopp-Puffer gemischt. Dadurch wurde die Reaktion gestoppt und zudem die MU-Fluoreszenz verstärkt. Die Probenentnahme erfolgte zu verschiedenen Zeitpunkten, um die Enzymkinetik zu überprüfen, d.h. ob GUS eine konstante Aktivität hat oder ob z.B. eine Sättigung der Reaktion vorlag und außerdem zur statistischen Absicherung des Ergebnisses, da die spezifische GUS-Aktivität eine Endpunktmessung der Kinetik darstellt (umgesetztes Substrat pro Zeit und pro Proteinmenge). Bis zur Fluoreszenz-Messung wurden die Proben bei 4°C im Dunkeln gelagert.

Die Emission der mit Stopp-Puffer gemischten Proben und einer MU-Standardreihe (0, 25, 50, 100, 200 nM MU) für die Eichkurve wurden in einem Fluorimeter (TKO 100, Hoefer) bei 460 nm gemessen. Für die Messungen im Mikrotiterplatten-Lesegerät Tecan (Tecan Austria GmbH) wurde auf Grund der breiteren Streuung der Messwerte bei den Extrakten der transplastomen Pflanzen eine MU-Standardreihe von 0, 25, 50, 100, 2500, 25000, 50000, 100000 nM MU verwendet. Nach Abzug des jeweiligen Wertes zum Zeitpunkt Null wurde die GUS-Aktivität (pmol MU * h^{-1} * μg^{-1} Protein) der linear ansteigenden MU-Werte wie folgt berechnet:

GUS-Aktivität [pmol MU * h^{-1} * μg^{-1} Protein] =

$$\frac{\textit{MU-Konz. der gestoppten Probe}\ [nmol/l] \cdot \textit{Verdünnungsfaktor} \cdot \textit{Vol(Assay)}\ [\mu l]}{\textit{Vol(Extrakt)}\ [\mu l] \cdot \textit{Inkubationszeit}\ [h] \cdot \textit{Proteinkonz.}\ [\mu g/ml]}$$

MU-Konz. der gestoppten Probe = anhand der MU-Eichkurve berechnete MU-Konzentration der in der Küvette gemessenen Emission, abzüglich des Wertes zum Zeitpunkt Null
Verdünnungsfaktor = Verhältnis von Volumen (Stopp-Puffer + Probe) zu Volumen(Probe)
Vol(Assay) = Volumen des Reaktionsansatzes (MUG-Reaktionspuffer + Proteinextrakt)
Vol(Extrakt) = Volumen des in die Reaktion eingesetzten Proteinextraktes
Inkubationszeit = Reaktionsdauer von Inkubationsstart bis Entnahme der Probe
Proteinkonz. = Proteinkonzentration des eingesetzten Proteinextraktes

Für die Auswertung der Tecan-Daten fand außerdem eine quantitative Bestimmung der GUS-Menge in den Proben anhand der MU-Freisetzung einer GUS-Standardreihe von 50, 100, 200 und 400 pg (GUS Type X-A von *E. coli*, Sigma-Aldrich; gelöst in 1 ml 0,1 M $NaHPO_4$) statt. Die GUS-Menge wurde in % vom gesamtlöslichen Protein wie folgt berechnet:

GUS-Aktivität [nM MU * h^{-1}] =

$$\frac{\textit{MU-Konz. der gestoppten Probe}\ [nmol/l] \cdot \textit{Verdünnungsfaktor} \cdot \textit{Vol(Assay)}\ [\mu l]}{\textit{Vol(Extrakt)}\ [\mu l] \cdot \textit{Inkubationszeit}\ [h]}$$

MU-Konz. der gestoppten Probe = anhand der MU-Eichkurve berechnete MU-Konzentration der in der Küvette gemessenen Emission, abzüglich des Wertes zum Zeitpunkt Null
Verdünnungsfaktor = Verhältnis von Volumen (Stopp-Puffer + Probe) zu Volumen(Probe)
Vol(Assay) = Volumen des Reaktionsansatzes (MUG-Reaktionspuffer + Proteinextrakt)
Vol(Extrakt) = Volumen des in die Reaktion eingesetzten Proteinextraktes
Inkubationszeit = Reaktionsdauer von Inkubationsstart bis Entnahme der Probe

Nach Bildung der jeweiligen Mittelwerte der GUS-Aktivitätswerte (nM MU * h^{-1}) wurde anhand der GUS-Eichkurve die GUS-Menge in pg berechnet und auf die insgesamt in den MUG-Assay eingesetzte Menge an Protein in % bezogen.

MUG-Reaktionspuffer

MUG (4-Methyl-Umbelliferyl-β-D-Glucuronid)	1 mM
Methanol	20 % (v/v)
Phosphat-Puffer pH 7,0	50 mM
EDTA	10 mM
N-Lauroylsarcosine	0,1 % (v/v)
Triton X-100	0,1 % (v/v)

Der Puffer wurde entweder bei –20°C (für längere Zeiträume) oder bei Gebrauch bei 4°C gelagert.

MU-Standardlösung

Methyl-Umbelliferon	10 mM

MU wurde in Ethanol (reinst) gelöst und bei 4°C im Dunkeln aufbewahrt.

Stop-Puffer

Na$_2$CO$_3$	0,2 M

Der Stopp-Puffer wurde jeweils frisch hergestellt.

3.10.4 Isolation von Plastiden

Die Isolation von Plastiden (nach Walker et al., 1987) erfolgte bei 4°C im Kühlraum, die notwendigen Zentrifugen und Rotoren (Sorvall mit HB-4-Rotor, Eppendorf Zentrifuge 5415 C) sowie die verwendeten Medien und Reaktionsgefäße wurden vorgekühlt. Die Zellen der transienten Transformationsansätze wurden geerntet und das Zellpellet im Polypropylen-Kulturröhrchen in 2 ml Chloroplastenmedium (CM) resuspendiert. Die Suspension wurde in 5 ml-Bechergläser transferiert, das Röhrchen mit weiteren 2 ml CM ausgespült und ebenfalls in das Becherglas gegeben. Mittels einer 5 ml-Einwegspritze (Abbildung 9) wurde die Suspension dreimal durch ein Polyamid-Netz (SCRYNEL, NY15HC; ZBF Mesh + Technology, Rüschlikon, Schweiz) mit der Maschengröße von 15 µm filtriert (Robinson, 1987), möglichst ohne Bildung von Luftblasen. Die Suspension wurde in 15 ml Corex-Zentrifugenröhrchen dekantiert, das Becherglas mit 2-3 ml CM ausgespült und ebenfalls in das Zentrifugenröhrchen gegeben. Anschließend wurde 5 min bei 4000 g (HB-4-Rotor) bei 4°C zentrifugiert. Der Überstand wurde dekantiert und das Pellet in 600 µl CM durch schwenken resuspendiert. Die Suspension wurde vorsichtig auf einen Percollgradienten (600 µl 40 % Percoll- unterschichtet mit 600 µl 80 % Percoll-Lösung) in einem 2 ml-Reaktionsgefäß gegeben und 8 min bei 5000 upm in der Zentrifuge 5415 C (Eppendorf, Hamburg) bei 4°C zentrifugiert. Die oberste Bande wurde abgenommen und verworfen. Die Bande an der Grenzschicht zwischen 40 und 80 % Percoll-Lösung wurden abgenommen und in ein neues 2 ml-Reaktionsgefäß transferiert. Die Suspension wurde auf 2 ml mit Waschlösung (WL) aufgefüllt und 3 min bei 4500 upm und 4°C zentrifugiert (Zentrifuge 5415 C). Das Pellet wurde in 2 ml WL resuspendiert und abermals 3 min bei 4500 upm und 4°C zentrifugiert (Zentrifuge 5415 C). Der Überstand wurde verworfen und das Pellet bis zur Proteinextraktion auf Eis gelagert.

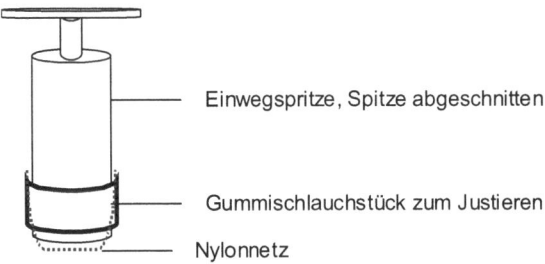

Abbildung 9: Konstruktion zur Plastidenfreisetzung

Waschlösung (WL)

Hepes/ KOH (pH 8,0)	50 mM
Sorbit	330 mM
pH 8,0 (5 M KOH)	

Die Lösung wurde autoklaviert und bei 4°C gelagert.

Chloroplastenmedium (CM)

EDTA	2 mM
Hepes/ KOH (pH 8,0)	50 mM
Sorbit	330 mM
pH 8,0 (5 M KOH)	

Autoklavieren.

BSA	0,1 % w/v

Lagerung bei 4°C.

Percoll-Lösung: 40 % bzw. 80 %

EDTA	2 mM
Hepes/ KOH (pH 8,0)	50 mM
Sorbit	330 mM
pH 8,0 (5 M KOH)	

Autoklavieren.

Percoll^{TM}	40 % bzw. 80 % v/v
BSA	0,1 % w/v

Lagerung bei 4°C.

3.10.5 Mikroskopie

3.10.5.1 Elektronenmikroskopie - Fixierung der Proben

Für die Elektronenmikroskopie wurden Protoplasten bzw. die daraus isolierten Plastiden wie folgt fixiert: das Protoplasten-Pellet wurde in 1 ml PP-Fixativ bzw. das Plastiden-Pellet in 1 ml C-Fixativ resuspendiert und eine halbe Stunde bei RT inkubiert. Anschließend wurden die Proben bei 4°C bis zur mikroskopischen Untersuchung, durchgeführt von Prof. Wanner (Ludwig-Maximilians-Universität, München), aufbewahrt.

PP-Fixativ	C-Fixativ	
10 ml	10 ml	75 mM Cacodylatpuffer
-	0,574 g	315 mM Sorbit
0,793 g	-	400 mM Glucose
5,8	8,0	pH

Von diesen Lösungen wurden je 9 ml entnommen und mit je 1 ml 25 %iger Glutaraldehyd-Lösung gemischt.

3.10.5.2 Fluoreszenzmikroskopie

Ca. 200 µl der Zellsuspension wurde unter Verwendung von Pipettenspitzen mit weiter Öffnung auf einen Objektträger gegeben und mit einem Deckgläschen über Spacer (zwischengelegte Deckgläschen) bedeckt. Die Proben wurden im Fluoreszenzmikroskop „Axio Imager Z1" (Carl Zeiss) untersucht, mit den Carl Zeiss-Filtersätzen 43HE (dsRED) und 09 (Autofluoreszenz von Chlorophyll). Die Bilder wurden jeweils in der gleichen Fokusebene aufgenommen, als Kontrolle im Hellfeld-Modus. Die Auswertung erfolgte mit der Axiovision Software mit der Funktion „maximaler Bereich: Lineare Darstellung des maximal möglichen Werteumfangs".

Filtersatz:	09	43HE
Anregung:	BP 450-490nm	BP 550/25 (HE)
Strahlenteiler:	FT 510	FT 570 (HE)
Emission:	LP515	BP 605/70 (HE)
Nummer:	488009-000-000	489043-0000-000

3.11 Stärkenachweis in Blättern

Zunächst wurde das Chlorophyll extrahiert, welches sonst die Jodfärbung überdeckt. Dazu wurden Blätter bzw. Blattstücke 20 min in einer 80%igen Ethanollösung bei 60°C und anschließend weitere 5 min bei RT in einer frischen 80%igen Ethanollösung inkubiert. Die Blattstücke wurden mit einer 1:10 verdünnten LUGOL'schen Lösung (2 g KI und 1 g I_2 auf 300 ml H_2O) für 2 min inkubiert und dann für ca. 2 min mit destilliertem Wasser gewaschen. Die Blätter wurden in neue Petrischalen mit destilliertem Wasser transferiert und fotografiert.

3.12 Herstellung rekombinanter Plasmide

3.12.1 Molekularbiologische Standardmethoden

Restriktionsverdau, Agarose-Gelelektrophorese, die Dephosphorylierung von Vektoren mittels alkalischer Phosphatase, DNA-Fällung und Ligation wurden nach Standardprotokollen durchgeführt (Sambrook et al., 1989). Plasmid-Präparation, Aufreinigung von PCR-Produkten, TA-Cloning und die Eluation von DNA-Fragmenten aus Agarosegelen erfolgte durch Qiagen-Kits gemäß den Herstellerangaben. Neben Qiagen wurde auch das „pGEM-Teasy Vector System" von Promega (Mannheim) für das *TA-Cloning* verwendet (Protokoll nach Herstellerangaben).

3.12.1.1 Restriktionsverdau

Die DNA-Spaltung mit Restriktionsenzymen der Klasse II wurde nach Herstellerangaben durchgeführt, meistens bei 37°C für eine Stunde oder über Nacht durchgeführt (Tabelle 5):

Tabelle 5: Restriktionsbedingungen

Komponenten	Konzentration
Vektor-DNA oder PCR-Produkt	Größenordnung µg
10x Puffer	1 x
Restriktionsenzym	1 U/ µg DNA/ h

3.12.1.2 Dephosphorylierung der 5'-Enden von DNA

Um eine Verbindung kompatibler Enden eines Vektors in einer Konkurrenzreaktion während der Ligation zu verhindern, wurden die 5'-Phosphate abgespalten. Nach dem Restriktionsverdau wurde dem Ansatz 1 µl (1 U) Calf Intestine Alkaline Phosphatase (CIAP, Fermentas) und 4 µl 10 x CIAP-Puffer zugesetzt und für 30 min bei 37°C inkubiert.

3.12.1.3 Ligation

Kompatible Enden von Vektor- und Insert-DNA wurden mittels einer T4-Ligase in einem 10 µl Ansatz ligiert (Tabelle 6). Die Inkubation erfolgte entweder bei Raumtemperatur 2 bis 3 h oder über Nacht bei 16°C.

Tabelle 6: Ligationsbedingungen

Komponenten	Konzentration
Vektor-DNA	Größenordnung µg
Insert-DNA	3molarer Überschuss (bezogen auf Vektor-
10x Ligase-Puffer	1 x
T4-DNA-Ligase	0,1 U/ µl
ultrafiltriertes H_2O	auf 10 oder 20 µl auffüllen

3.12.1.4 Agarose-Gelelektrophorese

Die Auftrennung der Nukleinsäuren erfolgte mittels horizontalen Flachbett-Elektrophorese-Kammern. Die Gelmatrix bestand abhängig vom erforderlichen Trennbereich aus 0,8-2% Agarose in 1 x TAE-Puffer für DNA, die anschließend eluiert werden sollte oder in 1 x TBE-Puffer. Mit letzterem Puffer ist eine höhere Voltzahl zur Auftrennung möglich. Zur Detektion der Nukleinsäuren unter UV-Licht wurden die Gele mit 1/50000 Volumen Ethidiumbromid versetzt. Zum Auftragen in die Gelmatrix wurden die Proben in 1 x Auftragspuffer aufgenommen. Die Elektrophorese erfolgte bei 60-120 V, abhängig von der Größe der Gele und dem verwendeten Puffer. Die Bestimmung der Größe linearer DNA-Fragmente in Agarose-Gelen erfolgte mit Hilfe der DNA-Längenstandards.

50 x TAE-Puffer

 Essigsäure   0,95 M
 Na_2-EDTA · $2H_2O$ 0,1 M

TBE-Puffer

 Tris   89 mM
 Borsäure   89 mM
 Na_2-EDTA · $2H_2O$ 2 mM

6x Auftragspuffer

Glycerin	30 % (v/v)
Bromphenolblau	0,25 % (w/v)
Xylencyanol	0,25 % (w/v)
Na_2-EDTA · $2H_2O$	0,12 M

3.12.1.5 DNA-Aufreinigung/ -Konzentrierung

Für DNA-Aufreinigungen wurden der ‚MinElute-Kit' und der ‚QIAquick-Kit' von Qiagen (Hilden) verwendet. Deren Prinzip besteht aus einem Ionenaustauscher, der in Hochsalzbedingungen DNA bindet, während unter Niedrigsalzbedingungen DNA eluiert wird. Mit diesen ‚Kits' ist es möglich, Pufferwechsel vorzunehmen, DNA aus Agarose-Gelen zu extrahieren oder Enzyme, Primer und Salze zu entfernen. Mit dem ersten ‚Kit' ist es möglich mit 10 µl zu eluieren und so eine höhere DNA-Konzentration zu erhalten. Allerdings ist nur ein Eluieren von Fragmenten bis 4 kb empfohlen. Bei den QIAquick-Kits ist das Eluieren mit 30 – 50 µl und von Fragmenten bis 10 kb möglich.

Alternativ zu den Kits wurde eine Alkoholfällung verwendet. Diese erfolgte mit 1/5 Volumen 10 M Ammoniumacetat und 2 Volumen eiskaltem Ethanol. Der Ansatz wurde 20-30 min auf Eis inkubiert, danach die DNA bei 17000 upm, 0°C pelletiert (Zentrifuge Z323K, Rotor 220.87 V01) und zweimal mit 70%igem Ethanol (RT) gewaschen. Anschließend wurde das Pellet getrocknet, im gewünschten Puffer bzw. Wasser aufgenommen und bei 4°C oder -20°C gelagert.

3.12.1.6 Bestimmung der DNA-Konzentration

Die DNA-Probe wurde mit 6x Auftragspuffer auf ein Gel aufgetragen, z.T. in verschiedenen Verdünnungen. Als Vergleich dienten 10 µl λ *Hind*III-Marker, mit einer 22 ng-, 24 ng-, 69 ng-, 100 ng- und eine 240 ng-Bande. Das Gel wurde mit dem Geldokumentationssystem (MWG, Ebersberg) photographiert, die Datei als *.tif-Datei abgespeichert und für die Auswertung OneDScan (MWG, Ebersberg) verwendet. Für hohe DNA-Konzentrationen (>5 µg DNA/ ml) wie z.B. bei Maxi-Präparationen von Plasmid-Isolierungen erhalten wird (Qiagen Plasmid Maxi Kit, Qiagen Hilden), erfolgte die Konzentrationsbestimmung photometrisch bei einer Wellenlänge von 260 nm. Hierbei entsprach eine OD_{260} von eins einer Konzentration von 45 µg/ µl. Anhand des Verhältnisses der OD_{260} und der OD_{280} wurde die Reinheit der Präparation überprüft, welches 1,8-2,0 bei einer proteinfreien DNA-Lösung betragen sollte.

3.12.1.7 Polymerase-Kettenreaktion (PCR)

PCR wurde für den Nachweis von Genen und die Amplifikation von Sequenzen für die Klonierung verwendet. Es wurden auch synthetische Sequenzen durch die Kombination von überlappenden Primern produziert. Die Primer müssen so konzipiert werden, dass eine stringente Selektion auf die Basenpaarung zwischen Ziel-DNA und Primer möglich ist. Die Spezifität (Stringenz) der Reaktion wird durch die Wahl der Temperatur, bei der die Primer an die gewünschte Sequenz binden, beeinflusst. Die Temperatur muss hoch genug sein, um unspezifische Wechselwirkungen zu vermeiden. Die Schmelztemperatur (T_m) des Primer-Matrize-Hybrids kann mit folgenden Formeln oder alternativ von Programmen wie Primer3 (v.0.4.0 - http://frodo.wi.mit.edu/primer3/) berechnet werden.

$T_m [°C] = [4 \times (G + C)] + [2 \times (A + T)]$,

$T_m [°C] = 69,3 + (0,41 \times [\%GC] - 650/\text{Länge des Primers})$

Für die Temperatur ist die Länge des Primers (optimal um 20 bp) und der GC-Gehalt (> 40 %) entscheidend. Die Stringenz kann durch 3'-Enden, deren letzten beiden Nukleotide aus G-C-Paaren bestehen, erhöht werden. Komplementäre Bereiche innerhalb eines Primers oder eines Primerpaars sollten zur Verhinderung von Sekundärstrukturen bzw. der Bildung von Primer-Dimeren vermieden werden. Für die Hybridisierung (*annealing*) wird eine Temperatur 5°C unter der T_m gewählt (T_a). Die Stringenz hängt neben den Primern und der Hybridisierungstemperatur noch von der Ionenkonzentration, insbesondere der $MgCl_2$-Menge und dem pH-Wert ab, die beide so gewählt werden müssen, dass unspezifische Wechselwirkungen minimiert werden. Die einzusetzende DNA-Menge wird nach dem Anteil der Ziel-DNA gewählt. Dabei ist auch darauf zu achten, dass zu hohe DNA-Konzentrationen die Reaktion negativ beeinflussen. Folgende Konzentrationen wurden verwendet:

a) Plasmide 1 ng (auch weniger möglich)

b) Plastom 20 – 40 ng (Gesamt-DNA)

c) Bakterien-Genom 50 – 60 ng (Gesamt-DNA)

d) Genom 100 – 300 ng (Gesamt-DNA)

Für Nachweis-Reaktionen und Klonierungen in pDrive (Qiagen PCR Cloning System, Qiagen) bzw. pGEM-Teasy (pGEM-Teasy Vector System, Promega Mannheim) wurde die Taq-Polymerase (Qiagen), für sonstige Klonierungen die Phusion-Polymerase (Finnzymes, Espoo Finnland) verwendet. Die Taq-Polymerase hat eine Fehlerhäufigkeit von ca. $2,2 \times 10^{-5}$ pro Zyklus, die Phusion-Polymerase von $4,4 \times 10^{-7}$ pro Zyklus. Ein PCR-Reaktionsgemisch bestand aus den folgenden Komponenten:

Tabelle 7: PCR-Reaktionsgemisch

DNA	je nach Häufigkeit der zu amplifizierenden Sequenz (s.o.)
5'-Primer (*forward*)	0,5 µM
3'-Primer (*reverse*)	0,5 µM
10x Puffer	1x
dNTPs	200 µM pro Nukleotid
DNA-Polymerase (Taq)	0,625 U Taq/ 1 U Phusion
ultrafiltriertes, autoklaviertes H$_2$O	auf 25 µl bzw. 50 µl auffüllen

Ein PCR-Programm war folgendermaßen aufgebaut:

Tabelle 8: PCR-Schritte

PCR-Schritte		**Taq-Polyermase**		**Phusion-Polymerase**	
1 Zyklus	Denaturierung	94 °C	2 min	98 °C	30 sek
25-35 Zyklen	Denaturierung	94 °C	10-60 sek	98 °C	10 sek
	Hybridisierung	T$_a$	15-30 sek	T$_a$	15-30 sek
	Synthese	72 °C	1 min/ kb	72 °C	30 sek/ kb
1 Zyklus	Synthese	72 °C	10 min	72 °C	10 min

Alle PCR-Reaktionen wurden in einem PCR-Express-Block der Firma Hybaid (Heidelberg) durchgeführt.

3.12.2 Sequenzierung

Zur Überprüfung von DNA-Sequenzen wurden PCR-amplifzierte DNA-Fragmente bei der Firma MWG Biotech (Ebersberg) sequenziert bzw. beim „Sequencing Service of the Department Biology Genomics Service Unit (GSU)", Ludwig-Maximilians-Universität München.

3.12.3 Hitzeschock-Transformation von Bakterien

100 µl ultra-kompetente *E. coli* DH5α-Bakterien, hergestellt nach Inoue et al. (1990), wurden auf Eis aufgetaut und mit bis zu 25 ng des Plasmids vorsichtig gemischt. Das Volumen der DNA-Lösung sollte 5 % des Volumens der Zell-Suspension nicht überschreiten. Die Zellen wurden für 20 min auf Eis inkubiert. Der Hitzeschock bestand aus einer Inkubation für 60 sek bei 42°C im Wasserbad. Anschließend wurden die Zellen 2 min auf Eis gekühlt, dann 1 ml LB-Medium zugegeben und die Zellen für 45-60 min bei 37°C geschüttelt. Danach wurden die Zellen pelletiert (2 min 6000 upm, Zentrifuge 5415 C, Eppendorf) in 100 µl frisches LB-Medium resuspendiert und auf LB-Platten mit 100 mg/l Ampicillin ausgestrichen. Anschließend erfolgte eine Inkubation der Platten für ca. 16 h bei 37°C.

3.12.4 Isolierung von Plasmid-DNA

Für die Isolierung von Plasmid-DNA in kleinen Mengen (Minipräparation) zur Analyse rekombinanter Bakterienklone wurde ein vereinfachtes Verfahren der Methode „Minipräparation durch alkalische Lyse" (Birnboim und Doly, 1979) angewandt: 2 ml LB-Medium mit 100 mg/l Ampicillin wurden in 15 ml Falcon-Röhrchen mit den Bakterien angeimpft. Die in diesen Gefäßen über Nacht im Schüttler (250 upm) bei 37°C herangewachsenen Bakterien wurden in 2 ml-Reaktionsgefäße überführt und pelletiert (Zentrifuge 5415 C, Eppendorf, 1 min, 13000 upm), der Überstand entfernt und das Pellet in 350 µl TENS-Puffer resuspendiert. Nach Zugabe von 150 µl 3 M Kalium-Acetat-Lösung und kräftigem Mischen wurde 3 min bei 15000 upm, 0°C zentrifugiert (Zentrifuge Z323K, Rotor 220.87 V01). 400 µl vom Überstand wurden in ein neues Reaktionsgefäß überführt und die DNA durch Zugabe von 1 ml kaltes Ethanol (2,5-faches Volumen) bei -20°C 10-20 min gefällt. Das nach erneuter Zentrifugation (10 min, 15000 upm Zentrifuge Z323K, Rotor 220.87 V01) entstandene DNA-Pellet wurde einmal in 70%igem Ethanol (500 µl) gewaschen und dann in 50 µl TE-Puffer (pH 8,0) aufgenommen. Anschließend wurde RNase A (10 µg/ ml) zugegeben und bei 65°C 10 min inkubiert, um die verbliebene RNA abzubauen. Die so erhaltene DNA konnte mit allen verwendeten Restriktionsenzymen geschnitten werden und eignete sich auch als PCR-Ziel-DNA.

TENS-Puffer

EDTA	1 mM
NaOH	0,1 M
SDS	0,5 % w/v
Tris (pH 7,5)	10 mM

Autoklavieren.

Plasmid-DNA, die für Sequenzierungen verwendet werden sollte, wurde mit Hilfe des „QIAprep Spin Miniprep Kits" nach Herstellerprotokoll isoliert. Größere Mengen an Plasmid-DNA für die Pflanzentransformationen wurden unter Verwendung des ‚QIAfilter Plasmid Maxi Kits' isoliert und durch eine weitere Fällung mit 1/5 Volumen 10 M Ammoniumacetat und 2 Volumen 100%igem eiskalten Ethanol gereinigt und anschließend in TE-Puffer (pH 5,6) in einer DNA-Konzentration von 2 µg/ µl aufgenommen.

3.13 Isolierung von genomischer DNA

3.13.1 DNA-Isolation aus *Vibrio fischeri*

Die Isolierung erfolgte mit dem Kit „Qiagen Genomic DNA-Preperation" (Qiagen, Hilden) nach Herstellerangaben. Dazu wurden 2 ml des *V. fischeri*-Kulturmediums (DSMZ-Medium 246) mit den Bakterien angeimpft und über Nacht bei 25°C und 150 upm inkubiert. Am nächsten Tag wurde damit die Hauptkultur von 50 ml angeimpft und bei 25°C und 150 upm bis zu einer OD_{600} von rund 0,6 angezogen. Die Bakterien wurden 10 min bei 5500 upm (Zentrifuge Z323K, Rotor 220.87 V01) und 5°C abzentrifugiert, das Pellet in Flüssig-Stickstoff schockgefroren und bis zur DNA-Isolierung bei –80°C aufbewahrt.

3.13.2 DNA-Isolation aus Pflanzen

Die DNA-Isolation aus Blättern wurde modifiziert nach Murray und Thompson (1980) durchgeführt. Das Pflanzenmaterial wurde in flüssigem Stickstoff gemörsert. Die Lyse des Homogenisats fand in 1 Volumen 2x CTAB-Extraktionspuffer für eine Stunde bei 60°C statt. Durch Zugabe von 1 Volumen Chloroform erfolgte eine Abtrennung der Proteine durch 30 min Inkubation auf einem Über-Kopf-Schüttler. Die Chloroform-Phase wurde durch 5 min Zentrifugation bei 10000 g abgetrennt. Um die RNA zu entfernen, wurden 5 µl RNase A (10 µg/ ml) zugeben, der Ansatz für 30 min bei 42°C inkubiert und dann der Chloroform-Schritt wiederholt. Die DNA wurde durch Zugabe von 0,7 Volumen Isopropanol (100 %) abgetrennt. Dafür erfolgte eine Inkubation von 30 min bei -20°C und eine anschließende Zentrifugation von 10 min und 21000 g. Nach Waschen des Pellets in 70%igem Ethanol und erneuter Zentrifugation (5 min) konnte die DNA getrocknet und in 50 - 100 µl TE-Puffer gelöst werden.

2x CTAB-Extraktionspuffer

Tris-HCl (pH 8)	200 mM
CTAB	2% (w/v)
EDTA	20 mM
NaCl	1400 mM
PVP (40 kDa)	1% (w/v)
Mercaptoethanol (frisch zugeben)	280 mM

4 Ergebnisse

4.1 Transientes Expressionssystem in Plastiden

Die Transformation von *Nicotiana tabacum*-Protoplasten mittels PEG wurde zunächst nach einem Protokoll durchgeführt, welches bei Koop et al. (1996) beschrieben ist. Die Medien wurden nach Dovzhenko et al. (1998) modifiziert. Dieses Protokoll wird im folgenden als Standardprotokoll bezeichnet. Für die Optimierung des Expressionssystems wurde pICF7312, ein Plastiden-Transformationsvektor verwendet, der zu einer hohen Expression von β-Glucuronidase (GUS) in stabilen Plastomtransformanten von Tabak führt, durchschnittlich zu 1,9 % vom gesamtlöslichen Protein (GLP) bzw. rund 150 nmol MU * h^{-1} * μg^{-1} Protein (Herz et al., 2005). pICF7312 besitzt neben dem konstitutiv starken Plastidenpromotor des rRNA-Operons (*PrrnP1*), eine 5'-UTR vom Bakteriophagen T7 Gen 10 (T7G10) und einen modifizierten N-Terminus (*downstream box* oder MASIS-Box), die zu einer Steigerung der Expressionsrate führen (Abbildung 6 I, erhalten von Icon Genetics, Freising). Zu beachten ist, dass bei der Transformation von Protoplasten die Reinheit der DNA eine große Rolle spielt.

Die Bestimmung der GUS-Konzentration in den Proteinextrakten erfolgte anhand der spezifischen GUS-Aktivität. Diese wurde mit dem sehr sensitiven und hochspezifischen fluorimetrischen Assay nach Jefferson et al. (1987) bestimmt: das Substrat 4-Methyl-Umbelliferyl-β-D-Glucuronid (MUG) wird von GUS hydrolysiert, wodurch Glucuronid und das fluoreszierende 4-Methyl-Umbelliferon (MU) freigesetzt werden. Wurde innerhalb eines Versuches, ausgehend von der gleichen Protoplastensuspension, derselbe Vektor in zwei parallel durchgeführten Ansätzen transformiert, differierte der Wert um den Faktor zwei bis drei. Das bedeutet, zum Ermitteln der optimalen Parameter wird ein mindestens vierfacher Unterschied in der GUS-Aktivität benötigt. Erst dann ist der Unterschied signifikant und es kann von einer Korrelation zur jeweiligen Bedingung ausgegangen werden.

4.1.1 Optimierung der PEG-Methode

Zur Optimierung der Transformationsbedingungen wurden zuerst verschiedene Kationen (Mg^{2+}, Ca^{2+}, Li^+) im Transformationsmedium getestet. So ermittelten Negrutiu et al. (1990)

in transienten Transformationen mit Ca^{2+} eine höhere Expression des Transgens im Vergleich zu Mg^{2+}. Li^+ dagegen wird bei der Transformation von Hefen und *Schizosaccharomyces pombe* verwendet (z.B. Giga-Hama und Kumagai, 1999; Gietz und Woods, 2002), bei denen es sich wie bei Protoplasten ebenfalls um eukaryotische Einzelzellen handelt. In mehreren Experimenten wurde kein signifikanter Unterschied in Bezug auf die GUS-Aktivität erhalten (Daten nicht gezeigt). In Anlehnung an Negrutiu et al. (1990) wurde deshalb das Ca^{2+}-Transformatonsmedium im optimierten Protokoll verwendet. Gleichzeitig wurde untersucht, welche Kulturdauer die Zellen nach der Transformation für eine maximale GUS-Expression benötigen (Abbildung 10).

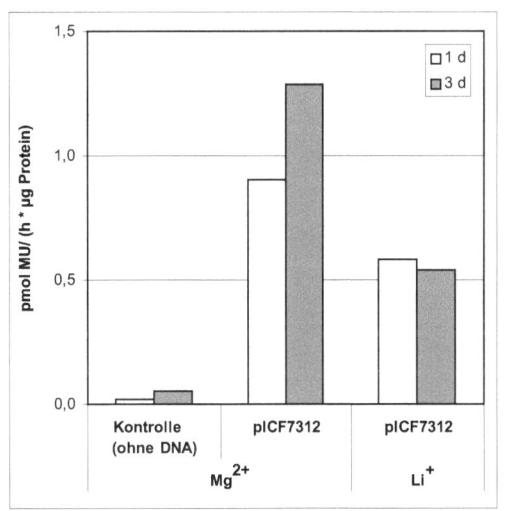

Abbildung 10: Auswirkung der Kulturdauer auf die transiente GUS-Expression
In 4 Ansätzen wurden Protoplasten mit dem Plastidenvektor pICF7312 nach dem Standardprotokoll transient transformiert, 2 weitere Ansätze wurden als Kontrolle mitgeführt (ohne DNA-Zugabe). Es wurden das Mg- bzw. Li-Transformationsmedien (Mg^{2+}/ Li^+) verwendet. Nach 1 bzw. 3 Tagen (1 d, 3 d) wurden die Proteinextrakte der Zellen hergestellt und die spezifische GUS-Aktivität im MUG-Assay bestimmt.

Ein Vorteil von GUS ist seine relativ hohe Stabilität mit einer Halbwertszeit von rund 50 Stunden in lebenden Mesophyllzellen (Jefferson et al., 1987). Es findet in den Zellen also eine gewisse Akkumulation statt. Ye et al. (1990) zeigten z.B. in Tabak-NT1-

Suspensionszellen eine maximale transiente GUS-Expression am dritten Tag nach der biolistischen Transformation mit dem Plastiden-Transformationsvektor pHD203-GUS (*uidA* unter Kontrolle des *psbA*-Promotors). In der vorliegenden Arbeit wurde jedoch keine signifikante Zunahme in der spezifischen GUS-Aktivität zwischen ein oder drei Tagen erhalten, unabhängig vom verwendeten Transformationsmedium (Abbildung 10). Nach erfolgter Optimierung des Protokolls wurden die Zellen daher bereits nach einem Tag geerntet.

4.1.1.1 Wirkung von DMSO auf die Transformationsrate

Die Transformationseffizienz kann bei Hefen durch den Zusatz von 10 % (v/v) Dimethylsulfoxid (DMSO) gesteigert werden (Soni et al., 1993; Bundtzen, 2004) und wurde deshalb bei der Protoplasten-Transformation getestet. Vorteile von DMSO sind dessen stabilisierende Wirkung auf Zellmembranen und die gleichzeitige Erhöhung der Membranpermeabilität, weshalb andererseits eine zu hohe Konzentration toxisch ist (Yu und Quinn, 1994). Haydu et al. (1977) untersuchten die Wirkung von DMSO bei Protoplasten-Fusionen von *Daucus carota* und *Hordeum vulgare*. Die optimale Konzentration, mit der in allen Experimenten keine inhibitorischen Effekte auf die Zellteilung und andere negative Auswirkungen beobachtet wurden, lag ebenfalls bei 10 % (v/v) DMSO.

Als erstes wurde die Überlebensrate in drei unabhängig voneinander durchgeführten Versuchen bestimmt, in denen 15 µl DMSO (Endkonzentration 9 % v/v) zwischen der DNA- und der PEG-Zugabe zugesetzt wurde, um die Toxizität von DMSO abzuschätzen. Neben dem Standard-Kulturmedium F-PCN wurde ein Mannit-Medium getestet. Das Mannit-Medium enthält im Gegensatz zu F-PCN keine Saccharose, Glucose und Cytokinin und wurde zur Vermeidung der Stärkeakkumulation in den Plastiden eingesetzt (siehe Kapitel 4.1.2). Nach der PEG-Behandlung wurde ein zusätzlicher Waschschritt bei den DMSO-Ansätzen durchgeführt, womit die gleiche Vitalität wie bei den nicht mit DMSO behandelten Zellen erhalten wurde. Andernfalls starben die Zellen innerhalb von drei Tagen ab. Nach einem Tag wurden die Zellen geerntet und über eine Stufengradienten-Zentrifugation (F-PCN/ F-PIN bzw. Mannit/ F-PIN) die toten Zellen abgetrennt. Die intakten Zellen, die sich an der jeweiligen Grenzschicht sammeln, wurden abgenommen, die Zahl im Lichtmikroskop bestimmt und der Prozentsatz von den in der Transformation eingesetzten rund 500000 Zellen berechnet. Im Durchschnitt wurde eine Überlebensrate von 21 ± 5 % in F-PCN und 37 ± 8 % im Mannit-Medium erreicht.

In weiteren drei unabhängigen Versuchen wurde die spezifische GUS-Aktivität in Ansätzen mit und ohne DMSO-Zugabe verglichen, mit Transformation von pICF7312 (Abbildung 11). In Versuch 1 wurde als Kontrolle ein Ansatz ohne DNA mitgeführt, als Kontrollen in Versuch 2 und 3 diente die Transformation eines Leervektors (pICF7312 ohne *uidA*, Abbildung 6 II), nähere Ausführungen dazu in Abschnitt 4.1.1.2.

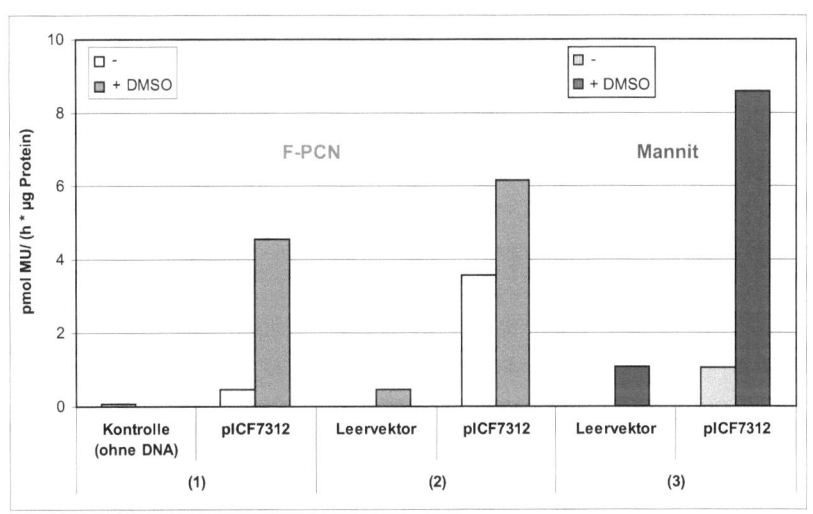

Abbildung 11: Einfluss von DMSO auf die transiente Transformation
In 3 unabhängigen Versuchen (1-3) wurden Protoplasten mit dem Plastidenvektor pICF7312 transient transformiert (Ca-Transformationsmedium), davon ein Ansatz nach dem Standardprotokoll und ein Ansatz mit 15 µl DMSO („-" / „+ DMSO"). In Versuch 1 diente als Kontrolle ein Ansatz ohne DNA-Zugabe, in Versuchen 2 und 3 wurde der Leervektor transformiert. Aus versuchstechnischen Gründen wurde die jeweilige Kontrolle nur in einem Ansatz mitgeführt. Die Zellen wurden in Versuch 1 drei Tage, in Versuch 2 und 3 einen Tag kultiviert und von den Proteinextrakten die spezifische GUS-Aktivität im MUG-Assay bestimmt.

In allen Ansätzen mit DMSO wurde eine höhere spezifische GUS-Aktivität ermittelt, unabhängig vom Kulturmedium, mit dem höchsten Wert von 8,6 pmol MU $*$ h^{-1} $*$ µg^{-1}

Protein bei den im Mannit-Medium kultivierten Zellen. Die DMSO-Zugabe wurde auf Grund des bei allen Versuchen positiven Effekts beibehalten, obwohl der Faktor zwischen zwei und zehn variierte, der Unterschied zum Standardprotokoll also nicht immer signifikant war. Später wurde DMSO nicht mehr einzeln zugegeben, sondern gleich mit dem PEG-Puffer gemischt, wodurch sich die Endkonzentration von 9 % auf 5 % (v/v) verringerte. Dadurch sollten zum einen geringe Abweichungen vermieden werden, die bei der einzelnen Zugabe möglich sind, und zum anderen die Durchführung vereinfacht werden. Es wurde zudem eine leichte Steigerung der spezifischen GUS-Aktivitätswerte gegenüber den früheren Experimenten mit der DMSO-Einzelzugabe beobachtet (siehe Abbildung 12, Versuch 3, S. 69).

4.1.1.2 Reduktion der endogenen Aktivität im MUG-Assay

InAbbildung 11, Versuche 2 und 3, wurde ein Leervektor (Abbildung 6 II) als Negativkontrolle transformiert, anstelle der bisherigen Kontrolle, bei dem nur TE-Puffer zugegeben wurde (ohne DNA). Der Leervektor wurde aus dem Plastidenvektor pICF7312 hergestellt, in dem die *uidA*-Sequenz mit *Bam*HI ausgeschnitten und der verbleibende Vektor ligiert wurde. Damit sollte ausgeschlossen werden, dass die detektierten Signale auf einer unspezifischen Eigenschaft des Vektors beruhten. Im Vergleich zwischen der Kontrolle ohne DNA-Zugabe und der Leervektor-Transformation wurde eine zehnfache Steigerung der endogenen Aktivität bei letzterem beobachtet (Abbildung 11). In drei unabhängig durchgeführten Transformationen betrug der Wert ohne DNA-Zugabe durchschnittlich 0,04 ± 0,02, beim Leervektor 0,7 ± 0,4 pmol MU * h^{-1} * μg^{-1} Protein. In einem weiteren Versuch, bei dem die Stärkeassimilation in den Plastiden verringert werden sollte, wurden die Protoplasten nach der Transformation (Standardprotokoll) drei Tage ausschließlich im Dunkeln kultiviert. Die Proteinextrakte der Plastiden, die aus diesen Proben isoliert wurden, ergaben im fluorimetrischen Assay bei der Kontrolle (ohne DNA) eine endogene Aktivität von 10 pmol MU * h^{-1} * μg^{-1} Protein. Dieser Wert war fast ebenso hoch wie bei der Transformation von pICF7312 (14 pmol MU * h^{-1} * μg^{-1} Protein).

Anhand dieser Ergebnisse wurde es notwendig, die endogene von der plasmidvermittelten GUS-Aktivität zu unterscheiden, unabhängig von der Zellfraktion und den Transformations- bzw. Kulturbedingungen. Kosugi et al. (1990) konnten zeigen, dass 20 % Methanol im

MUG-Assay sehr effektiv die Hintergrundaktivität in Pflanzenextrakten supprimiert und außerdem die Aktivität des bakteriellen GUS (Reporterprotein) um das 1,4fache erhöht. Die Methanolzugabe wurde in mehreren unabhängigen Versuchen getestet, mit Kultivierung der Zellen in F-PCN (Abbildung 12) bzw. in Mannit-Medium (Daten nicht gezeigt). Die Protoplasten wurden mit pICF7312 bzw. dem Leervektor unter Zusatz von DMSO transformiert und nach einem Tag die spezifische GUS-Aktivität im Standard-MUG-Puffer versus Methanol-MUG-Puffer verglichen.

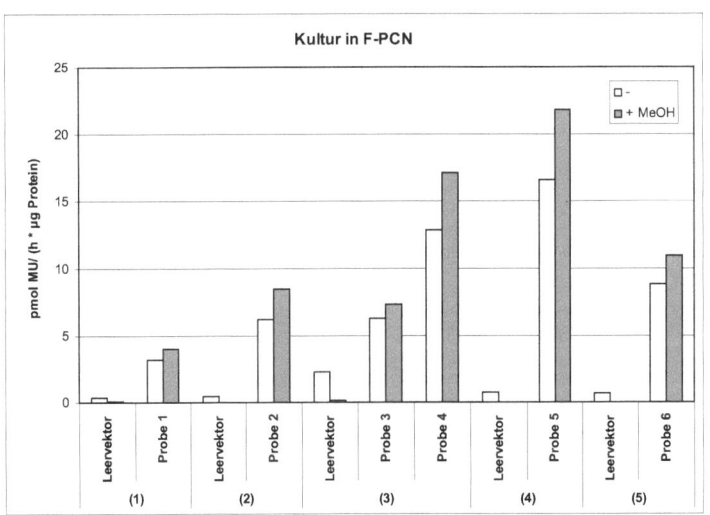

Abbildung 12: Zusatz von Methanol im MUG-Assay, Kultur in F-PCN
Die Methanolzugabe wurde in 5 unabhängigen Versuchen überprüft (1-5). Protoplasten wurden mit dem Plastidenvektor pICF7312 und als Kontrolle mit dem Leervektor unter DMSO-Zugabe transformiert: Probe 1-3 15 µl DMSO-Zugabe zw. DNA- und PEG-Zugabe (Endkonz. 9 % v/v), Probe 4-6 15 µl DMSO in PEG-Puffer gemischt (Endkonz. 5 % v/v). Nach einem Tag Kultur wurde die spezifische GUS-Aktivität der Zellextrakte im Standard-MUG-Puffer bzw. im Methanol-MUG-Puffer (Endkonz. 20 % v/v) ermittelt.

Die Analyse konnte mit dem Methanol-MUG-Puffer wesentlich optimiert werden: die Werte der Negativkontrolle (Leervektor) wurden stark reduziert (~20fach in F-PCN-, ~vierfach in Mannit-Kultur) und zum anderen wurde die spezifische GUS-Aktivität um das 1,3fache erhöht, unabhängig vom verwendeten Kulturmedium. Auch in Chloroplastenextrakten, isoliert aus mit dem Leervektor transient transformierten Zellen, sank die MU-Freisetzung dadurch auf 0,03 pmol MU * h^{-1} * µg^{-1} Protein (Abbildung 16).

Mit den in dieser Arbeit getesteten Parametern konnte ein Protokoll entwickelt werden, mit dem reproduzierbar eine plasmidvermittelte GUS-Expression nach der Transformation mit dem Plastidenvektor pICF7312 nachgewiesen wurde. Die endogene Aktivität konnte durch die Verwendung von Methanol im MUG-Assay deutlich gesenkt und die plasmidvermittelte spezifische GUS-Aktivität leicht gesteigert werden. Zusätzlich mit der Zugabe von DMSO bei der Transformation wurde eine GUS-Aktivität von durchschnittlich 10 ± 6 pmol MU * h^{-1} * µg^{-1} Protein erhalten, maximal 22 pmol MU * h^{-1} * µg^{-1} Protein. Das sind im Mittel 200fach höhere Werte als bei der Kontrolle mit 0,05 ± 0,04 pmol MU * h^{-1} * µg^{-1} Protein (Leervektor). Insgesamt wurden damit wesentlich größere Werte der spezifischen GUS-Aktivität und Unterschiede zur Kontrolle erreicht, als mit dem Standardprotokoll (3,2 ± 2,4 pmol MU * h^{-1} * µg^{-1} Protein) und in früheren Arbeiten (Spörlein et al., 1991; Döhr, 1995; Brunner, 1997). Abweichend zu den genannten Arbeiten wurde allerdings ein anderer Plastiden-Transformationsvektor verwendet, der in stabil transformierten Tabakpflanzen zu einer höheren GUS-Expression führte. Die Varianz zwischen den einzelnen, unabhängigen Versuchen war in allen Arbeiten relativ groß, in denen von Spörlein et al. (1991), Döhr (1995) und Brunner (1997), sowie in der vorliegenden (z.B. Abbildung 12). Aus diesem Grund wurden keine Mittelwerte mit Standardabweichungen dargestellt, sondern die Auswirkung der verschiedenen Parameter in den einzelnen Versuchen gezeigt, bei denen die Bedingungen ausgehend vom gleichen Blattmaterial bzw. gleicher Protoplastencharge getestet wurden. Diese Varianz beruht möglicherweise auf dem Pflanzenmaterial. So wurde in den stabilen pICF7312-Plastomtransformanten die gleiche Variabilität der Expressionsrate (durchschnittliche GUS-Konzentration von 1,9 % und max. 3,7 % vom GLP) erzielt.

4.1.2 Lokalisation der GUS-Expression

Trotz der plastidenspezifischen Regulationselemente des pICF7312-Vektors besteht die Möglichkeit, dass *uidA* im Kern/ Cytosol exprimiert wird, wie z.B. für den *psbA*-Promotor gezeigt wurde (Cornelissen und Vandewiele, 1989; Ye et al., 1996). Parallel zur Protokolloptimierung wurde deshalb begonnen, die Lokalisation der transienten GUS-

Expression nachzuweisen. Der erste Ansatz dazu war, die Chloroplasten aus den transformierten Zellen zu isolieren und zu testen, ob die spezifische GUS-Aktivität des Zellextraktes auch in der Plastidenfraktion erhalten wird. Die Standardprotokolle zur Chloroplastenisolation (z.B. Walker et al., 1987) wurden dafür an die geringe Probenmenge adaptiert, ansonsten wurde folgende Methode verwendet: die Zellen wurden mechanisch aufgeschlossen, in dem sie durch ein Nylonnetz (15 µm) gepresst wurden (Robinson, 1987). Anschließend wurden die intakten Organellen über eine Stufengradienten-Zentrifugation (Gradient mit 40 % bzw. 80 % Percoll) in 2 ml-Reaktionsgefäßen isoliert.

Geringe Mengen von cytosolischem GUS können trotz der Reinigung über Percoll an der Plastidenmembran haften bleiben. Das würde bei der relativ niedrigen GUS-Aktivität, die mit pICF7312 im transienten Versuch erreicht wurde, das Ergebnis verfälschen. Die Entfernung von cytosolischen Proteinen bei der Aufreinigung von Chloroplasten wird in der Literatur generell mit Proteaseverdauen der isolierten Organellen gelöst (z.B. Klösgen und Weil, 1991; Spörlein et al., 1991; Chen und Jagendorf, 1993). Larsson (1994) berichtete jedoch, dass innerhalb einer Standardpräparation von Chloroplasten, die auf der Trennung über Größe und Dichte wie beim Percollgradienten beruhte, multiorganelle Komplexe auftreten. Diese Komplexe bestehen aus ein bis zwei Chloroplasten, umgeben von Cytoplasma, Mitochondrien und Peroxisomen, das Ganze umhüllt von einer Plasmamembran. Um die Integrität der Plastiden zu erhalten, dürfen für den Verdau nur solche Proteasen eingesetzt werden, die nicht durch Membranen gelangen (Cline et al., 1984). Mit diesen multiorganellen Komplexen würde somit weiterhin cytosolisches GUS in der Plastidenfraktion gemessen werden. Zunächst wurde also die Reinheit der isolierten Chloroplasten überprüft.

4.1.2.1 Ultrastruktur der Plastiden

Für die Erfassung von multiorganellen Komplexen ist die Elektronenmikroskopie (EM) eine geeignete Methode. Dazu wurden Protoplasten transient mit pICF7312 transformiert und ein Teil nach dem Standardprotokoll den ersten Tag dunkel und dann im Licht-Dunkel-Zyklus, der andere Teil drei Tage ausschließlich im Dunkeln in F-PCN kultiviert. Im letzteren Ansatz sollte die Stärkeakkumulation in den Plastiden reduziert werden, welche eine Aufreinigung intakter Organellen erschwert. Anschließend wurden die Zellen und daraus isolierte Plastiden für die Elektronenmikroskopie vorbereitet (Abbildung 13, Probenbearbeitung Prof. Wanner, Ludwig-Maximilians-Universität München).

In Abbildung 13 ist eine deutliche Veränderung der Chloroplasten der protoplastierten Mesophyllzellen zu erkennen. Wie in der Arbeit von De Santis-Maciossek et al. gezeigt wurde (1999), sind Chloroplasten in der *in vitro*-Kultur von N. tabacum linsenförmig, enthalten zahlreichen Stroma- und Granathylakoide, kaum Stärkekörner und keine Vesikel. In den lichtkultivierten Zellen (A) hingegen sind Plastiden mit sehr großen Stärkekörnern zu sehen, die fast das gesamte Organell ausfüllen. Gleichzeitig sind die Thylakoide und Grana im Vergleich zu Mesophyllzell-Chloroplasten stark reduziert. Selbst in den dunkel kultivierten Zellen (B) ist noch eine hohe Stärkeakkumulation vorhanden, auch wenn sie hier schon etwas geringer ausfällt. Die hochgeordneten Strukturen, die in den dunkelinkubierten Plastiden sichtbar sind, unterscheiden sich deutlich von Grana und Thylakoiden (B: Pfeil).

Abbildung 13: Elektronenmikroskopie von Suspensionszellen und daraus isolierten Plastiden
In 4 parallel durchgeführten Ansätzen wurden Protoplasten mit dem Plastidenvektor pICF7312 transient transformiert (ohne DMSO-Zusatz). 2 Ansätze wurden 1 Tag im Dunkeln und 2 Tage im Licht-Dunkel-Zyklus (Standardkultur), die anderen 2 ausschließlich im Dunkeln in F-PCN kultiviert. Nach 3 Tagen wurden die Zellen geerntet und aus je einem Ansatz Chloroplasten isoliert: die im Licht inkubierten über einen 40 %/ 80 %-Percollgradienten, die im Dunkeln inkubierten mit einem 20 %/ 80 %-Gradienten. Maßstab 1 µm
A – Zellen, Licht-Dunkel-Kultur, B – Zellen, Dunkel-Kultur, C, E – isolierte Plastiden aus Zellen der Licht-Dunkel-Kultur, D – isolierte Plastiden aus Zellen der Dunkelkultur
M – Mitochondrium, P – Plastoglobulus (Lipidtröpfchen), S – Stärkekorn, sV – kleines Vesikel (*small vesicle*), V – Vakuole, ZW – Zellwand, Pfeil in Bild B: Pseudokristalline Struktur, Pfeil in Bild E: multiorganeller Komplex

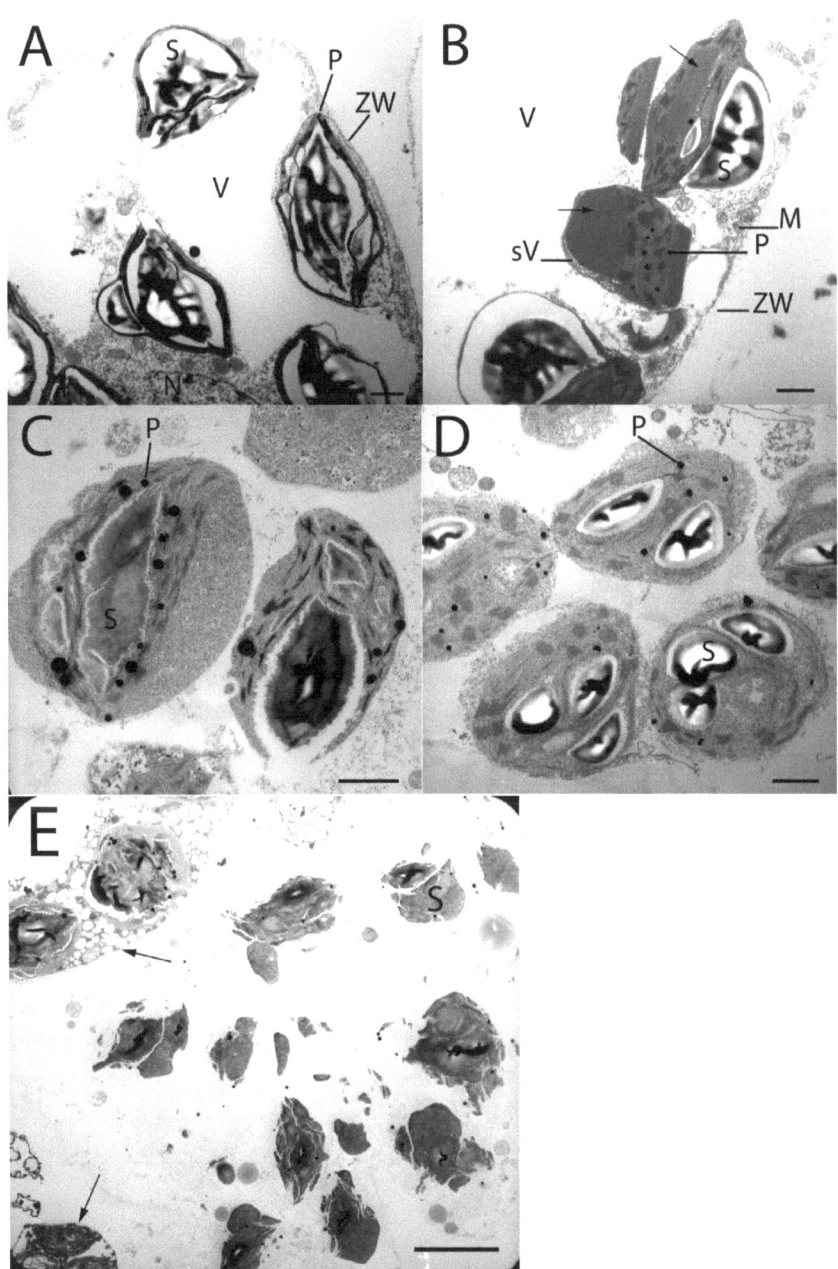

Solche pseudokristalline Strukturen wurden unter verschiedenen Bedingungen beobachtet und scheinen auf der Kristallisation unterschiedlicher Proteine/ Proteinkomplexe zu beruhen (z.B. Gigot et al., 1975; Synkova et al., 2006). In beiden Ansätzen (Licht/ Dunkel) sind außerdem zahlreiche Plastoglobuli und kleine Vesikel in den äußeren Bereichen der Plastiden zu sehen. Letztere kommen generell in Zellkulturen höherer Pflanzen vor (Sjolund und Weier, 1971).

In Abbildung 13 C, D und E sind die isolierten Plastiden zu sehen, die aus Zellen der Licht-Dunkel-Kultur (C, E) bzw. Dunkel-Kultur (D) stammen. Die Bilder C und D zeigen noch relativ intakt erscheinende Plastiden, wobei im Bild C auch eine offensichtlich defekte zu erkennen ist. Die meisten Organellen waren hingegen zerstört und es fanden sich nur noch die isolierten Stärkekörner wieder, wie im Bild E dargestellt, welches als Beispiel dient für den größten Teil der isolierten Plastiden aus den lichtinkubierten Zellen. Dieses Ergebnis war unerwartet, weil bei der Stufengradienten-Zentrifugation eine deutliche, grüne Bande an der Grenzschicht zwischen beiden Percoll-Konzentrationen (40 %, 80 %) erhalten wurde, an der normalerweise intakte Plastiden angereichert werden. In Bild E sind schließlich Strukturen zu sehen, die multiorganelle Komplexe darstellen (Pfeile), beim oberen scheint sogar noch die Zellwand vorhanden zu sein. Diese Strukturen würden sich mit einem weiteren Reinigungsschritt über *phase partitioning* von den intakten Plastiden trennen lassen, auf Grund der unterschiedlichen Oberflächeneigenschaften (Larsson, 1994). Um im ersten Schritt der Dichtegradienten-Zentrifugation überhaupt intakte Plastiden aufreinigen zu können, sollte zunächst die Stärkeassimilation reduziert werden.

4.1.2.2 Reduktion der Stärkeassimilation

Als erstes wurde das Ausgangsmaterial für die Protoplasten-Herstellung überprüft. In den Tabakblättern aus der *in vitro*-Kultur ist kaum Stärke vorhanden, wie der Stärkenachweis über Anfärbung mit einer Lugol'schen Lösung zeigt (Abbildung 14). Im Vergleich zu einem Gewächshaus-Blatt (B: dunkelviolette bis schwarze Färbung) zeigen die Blätter der steril angezogenen Pflanzen nur eine schwache hellbraune Färbung (C, D), auch wenn sie nicht einen Tag vorher dunkel gestellt wurden (D).

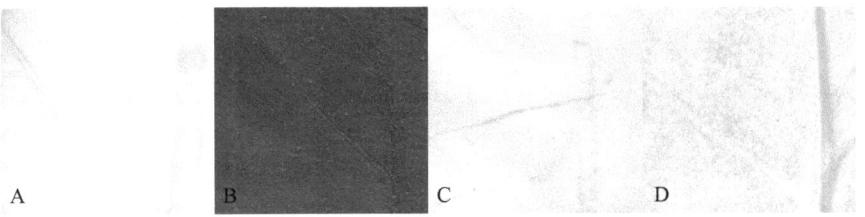

A   B   C   D

Abbildung 14: Stärkenachweis in Blättern von *Nicotiana tabacum*
Den 4 Wochen alten Tabakpflanzen (*in vitro*-Kultur) wurden reife, nicht seneszente Blätter entnommen. Nach der Chlorophyllextraktion mit 80%igem Ethanol wurde mit einer 1:10 verdünnten Lugol'schen Lösung angefärbt, kurz mit destilliertem Wasser gewaschen und fotografiert.
A – Negativkontrolle, *in vitro*-Kultur (mit Ethanol entfärbt), B – Tabakblatt aus dem Gewächshaus, C – *in vitro*-Kultur, einen Tag vor der Ernte dunkel gestellt, D – *in vitro*-Kultur, im Licht-Dunkel-Zyklus angezogen.

Bei Gigot et al. (1975) ist beschrieben, dass in den frisch isolierten Tabakprotoplasten (*Nicotiana tabacum* L. var. Judy's Pride) keine Stärkekörner in den Plastiden vorhanden waren und diese sich erst während der Zellkultur bildeten. Das ist in Übereinstimmung damit, dass bereits ohne Dunkelinkubation des steril angezogenen Tabaks intakte Chloroplasten isoliert werden können (siehe z.B.: Scharff und Koop, 2006). Die Stärkeassimilation erfolgt also erst im Verlauf der Kultivierung im F-PCN-Medium. Dieses Medium ist sehr reich an Saccharose und Glucose (2 % bzw. 6,5 % w/v), welche zum Aufbau von Stärke benötigt werden. Beide Zucker wurden deshalb durch Mannit ersetzt (Mannit-Medium), ein Zuckeralkohol, der von den Zellen schlecht verwertet wird (Thompson et al., 1986). Zusätzlich wurde Cytokinin weggelassen, das neben Auxin zur Zellteilung und für die Regeneration von Pflanzen wichtig ist. Beide Prozesse sind im transienten Expressionssystem nicht erforderlich und es findet auch keine Vermehrung der Chloroplasten bei der Zellteilung statt, wie von Usui und Takebe (1969) in Zellkulturen von frisch isolierten Protoplasten aus Tabakblättern beobachtet wurde. Bei Auxinmangel, der bei einer längeren Zellkultur entstehen kann, führt Cytokinin bei BY2-Tabak-Suspensionszellen hingegen zur verstärkten Anreicherung von Stärke bis hin zur Umwandlung der Plastiden zu Amyloplasten (stärkespeichernde Leukoplasten) (Miyazawa et al., 1999). Weiterhin wurden die Zellen nach der Transformation ausschließlich im Dunkeln kultiviert, wodurch eine autotrophe Glucose-Bildung gehemmt wurde.

Die transiente GUS-Expression der Zellen wurde im neuen Medium getestet, im Vergleich zum bisher verwendeten F-PCN. Hierfür wurde in drei unabhängigen Versuchen das gleiche Blattmaterial zur Herstellung der Protoplasten verwendet und die Transformationsansätze in den verschiedenen Medien parallel durchgeführt (Abbildung 15). In allen drei Experimenten ist die GUS-Aktivität in F-PCN-kultivierten Zellen höher als mit Mannit-Medium, auch wenn die Unterschiede nicht signifikant sind. Die höchste GUS-Aktivität wurde hier im zweiten Versuch in F-PCN-kultivierten Zellen mit 21,8 pmol MU * h^{-1} * μg^{-1} Protein erzielt. Mit der Kultivierung der transformierten Protoplasten im Mannit-Medium konnte damit reproduzierbar eine spezifische GUS-Expression in den Zellextrakten nachgewiesen werden.

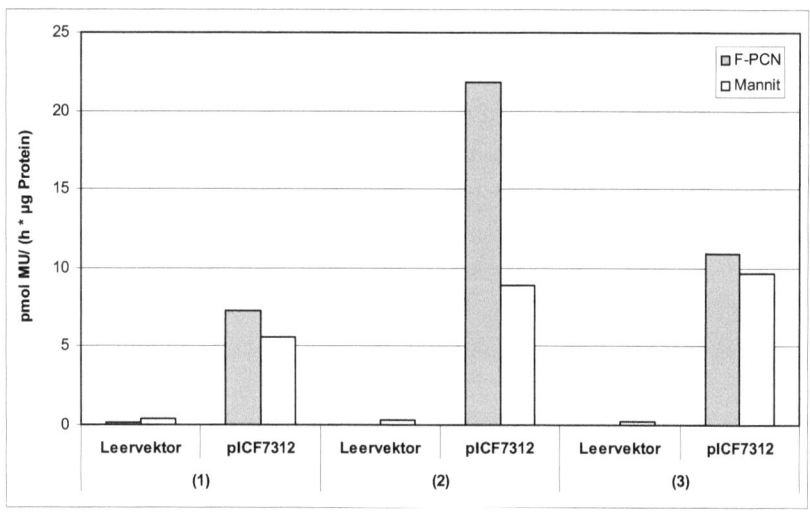

Abbildung 15: Vergleich der Kulturmedien F-PCN/ Mannit-Medium
Die Isolierung und Kultivierung der Protoplasten mit dem jeweiligen Kulturmedium wurde in 3 unabhängigen Versuchen überprüft (1-3), ausgehend vom gleichen Blattmaterial. Protoplasten wurden mit dem Plastidenvektor pICF7312 bzw. dem Leervektor transformiert, unter DMSO-Zugabe. Nach einem Tag wurden die toten Zellen über den jeweiligen Stufengradienten abgetrennt und der Proteinextrakt aus den intakten Zellen hergestellt. Die spezifische GUS-Aktivität wurde im optimierten MUG-Assay (Methanol-MUG-Puffer) ermittelt.
Werte der F-PCN-Leervektor-Proben in Versuch 2 und 3: 0,29 bzw. 0,20
pmol MU * h^{-1} * μg^{-1} Protein.

Schließlich wurden Protoplasten nach der gleichen Prozedur transformiert und daraus Plastiden isoliert, die neben dem Zellextrakt auf GUS-Aktivität getestet wurden (Abbildung 16). Während im Zellextrakt eine signifikante spezifische GUS-Aktivität von rund 4 pmol MU * h^{-1} * µg^{-1} Protein erhalten wurde, war im Plastidenextrakt der Wert genauso niedrig wie bei der Negativkontrolle (Leervektor). Entweder konnten die Organellen erneut nicht intakt isoliert werden und das Stroma mit dem darin gelösten Enzym ging bei der Präparation verloren, beobachtet z.B. von Lilley et al. (1975), oder die gemessene Aktivität stammte von cytosolischem GUS, d.h. der Vektor wurde im Kern/ Cytosol exprimiert, trotz des plastidären Promotors.

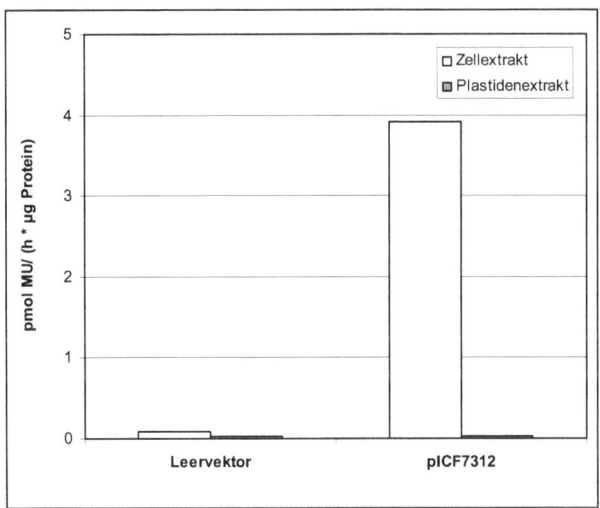

Abbildung 16: Plastiden-Isolation aus transient transformierten Zellen
Protoplasten wurden in jeweils 2 Ansätzen mit dem Plastidenvektor pICF7312 bzw. mit dem Leervektor transient transformiert (optimiertes Protokoll). Nach einem Tag Kultivierung im Mannit-Medium wurde die intakten Zellen der beiden Ansätze des jeweiligen Vektors vereinigt, vorsichtig gemischt und geteilt. Aus der einen Hälfte wurde der Zell-Proteinextrakt hergestellt und aus der anderen Hälfte die Plastiden isoliert und daraus die Proteine extrahiert. Die spezifische GUS-Aktivität wurde im Methanol-MUG-Puffer bestimmt.

4.1.2.3 dsRED als Reporterprotein

Als nächstes wurde die Mikroskopie verwendet, um die transiente Expression eines Plastidenvektors in der Zelle zu lokalisieren. Anstelle vom bisher verwendeten Reporterprotein GUS wurde dsRED eingesetzt, ein rot fluoreszierendes Protein aus *Discosoma* spec. (Matz et al., 1999). Der Nachteil von GUS ist, dass es nicht direkt nachgewiesen werden kann, d.h. es muss entweder über die Enzymaktivität mittels geeigneter Substrate (Jefferson et al., 1987) oder über Bindung spezifischer Antikörper detektiert werden. Durch die verschiedenen Prozeduren ist eine Akkumulation von Artefakten möglich, z.B. die diffuse Präzipitation des enzymatisch generierten Indigo-Farbstoffes vom häufig verwendeten Substrat 5-bromo-4-chloro-3-indolyl-ß-D-Glucuronid (X-Gluc). Andererseits wurde bei Ye et al. (1990) und Inada et al. (1997) auch von einer Kristallisation des blauen Farbstoffes berichtet, denn obwohl GUS im Kern/ Cytosol exprimiert wurde, war eine subzelluläre Lokalisation sichtbar. Aus diesen Gründen wurde das im Fluoreszenzmikroskop direkt sichtbare Reporterprotein dsRED verwendet. Das Absorptionsmaximum wurde von Matz et al. (1999) bei 558 nm ermittelt, das Emissionsmaximum bei 583 nm. In mehreren Studien wurde gezeigt, dass eine klare Unterscheidung zwischen dsRED und der Autofluoreszenz des Chlorophylls mittels entsprechender Filter möglich ist (Jach et al., 2001; Dietrich und Maiss, 2002; Ishida et al., 2008). Die Lokalisation von dsRED in Plastiden könnte deshalb durch die Kongruenz der dsRED- und der Autofluoreszenz nachgewiesen werden.

Zur Verfügung stand ein konstitutiv dsRED-exprimierender Plastidenvektor, reguliert über den *PrrnP1*-Promotor, der T7G10-5'-UTR und der 3'-UTR *Trpl32*, ähnlich zum bisherigen Vektor pICF7312 (dsRED-Plastidenvektor Abbildung 6 III, erhalten von Herrera-Díaz, Ludwig-Maximilians-Universität München). Als Kontrollen wurden ein dsRED-Kernexpressionsvektor (pGJ1425) und ein dsRED-Importvektor (pGJ1862) verwendet (Jach et al., 2001). Letzterer enthält wie pGJ1425 einen 35S-Promotor (aus dem *cauliflower mosaic virus*), kodiert jedoch zusätzlich ein Transitpeptid für den Transport von dsRED in die Plastiden, wo es im Stroma akkumuliert wird. Protoplasten wurden mit den jeweiligen Vektoren nach dem optimierten Protokoll transformiert und im Fluoreszenzmikroskop („Axio Imager Z1", Carl Zeiss) untersucht (Abbildung 17, Abbildung 18, Abbildung 19, Abbildung 20, Abbildung 21, S. 79-83).

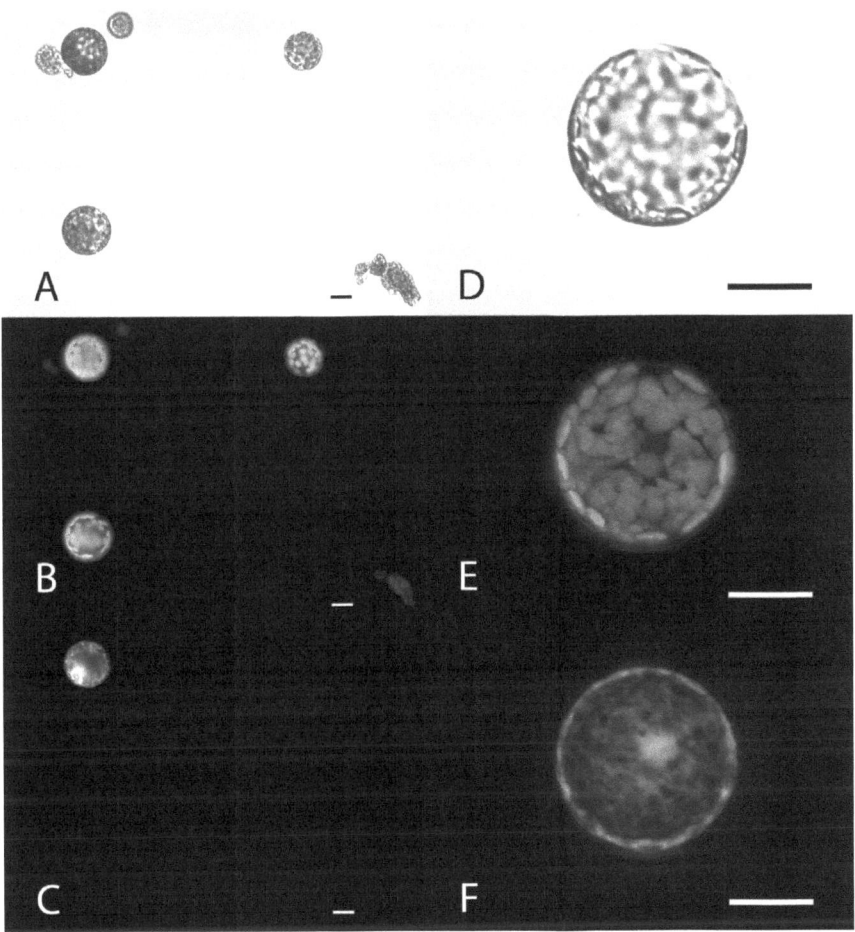

Abbildung 17: Fluoreszenzmikroskopie von Suspensionszellen, transient transformiert mit dem Kernvektor pGJ1425
Protoplasten wurden nach dem optimierten Protokoll mit dem Kernvektor pGJ1425 transient transformiert. Nach einem Tag Kultivierung in F-PCN wurde die Zellsuspension im Fluoreszenzmikroskop Axio Imager Z1 mit den Filtersätzen 09 (Autofluoreszenz des Chlorophylls) und 43HE (dsRED) untersucht, mit Kontrolle im Hellfeld-Modus. Fotografiert wurde jeweils in der gleichen Fokusebene, Auswertung mit Axiovision Software. Maßstab 20 µm.
A, D – Hellfeld; B, E – Chlorophyll-Autofluoreszenz; C, F – dsRED
A, B, C – Objektiv Plan-Apochromat 20x/0.8 M27, Belichtungszeit: B 10 ms, C 12 ms
D, E, F – Z-Stapel generiert aus verschiedenen optischen Ebenen (Abstand 0,358 µm), aufgenommen mit ApoTome-Gitter, EC Plan-Neofluar 40x/0.75 M27, Belichtungszeit: E und F - 89 ms

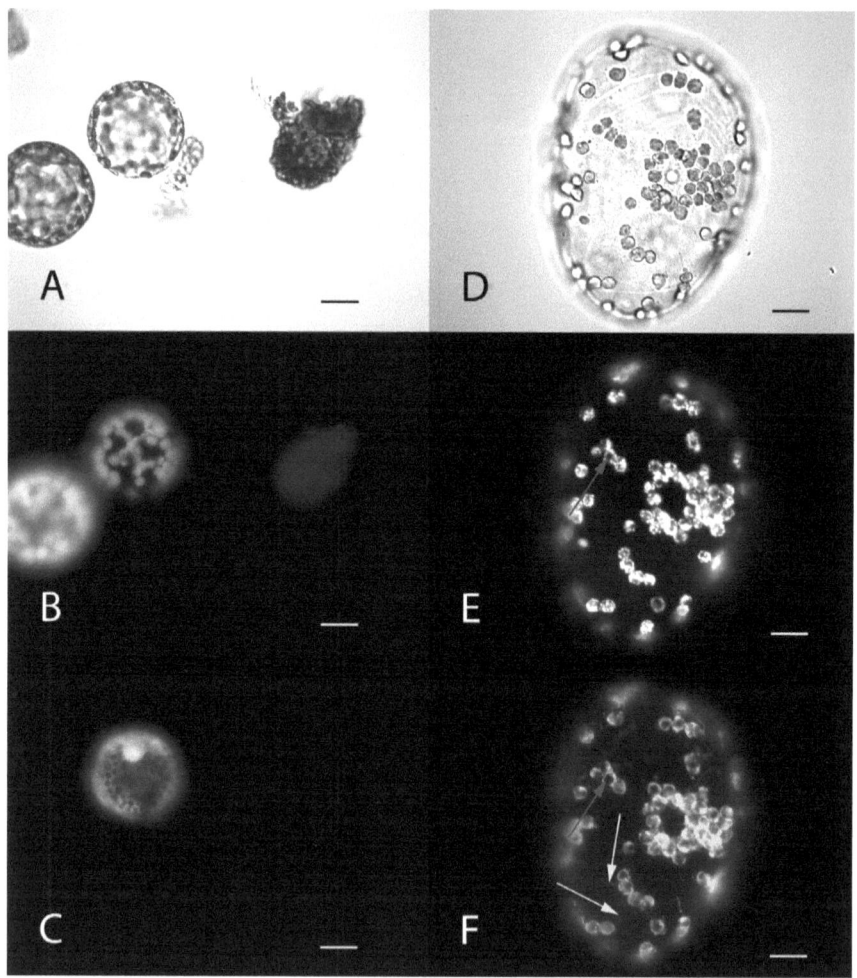

Abbildung 18: Fluoreszenzmikroskopie von Suspensionszellen, transient transformiert mit dem Importvektor pGJ1862

Protoplasten wurden nach dem optimierten Protokoll mit dem Importvektor pGJ1862 transient transformiert, dann in F-PCN zunächst einen Tag im Dunkeln, dann im Licht-Dunkel-Zyklus kultiviert. Die Auswertung erfolgte wie in Abbildung 17, verwendetes Objektiv: EC Plan-Neofluar 40x/0.75 M27, Maßstab 20 µm.
A, D – Hellfeld; B, E –Chlorophyll-Autofluoreszenz; C, F – dsRED
A, B, C – 1 Tag Kultur nach Transformation, Belichtungszeit: B 39 ms, C 1090 ms
D, E, F – 4 Tage Kultur nach Transformation, Belichtungszeit: E 10 ms, F - 724 ms
roter Pfeil: nichtfluoreszierender Einschluss in Plastide, gelbe Pfeile: Stromuli

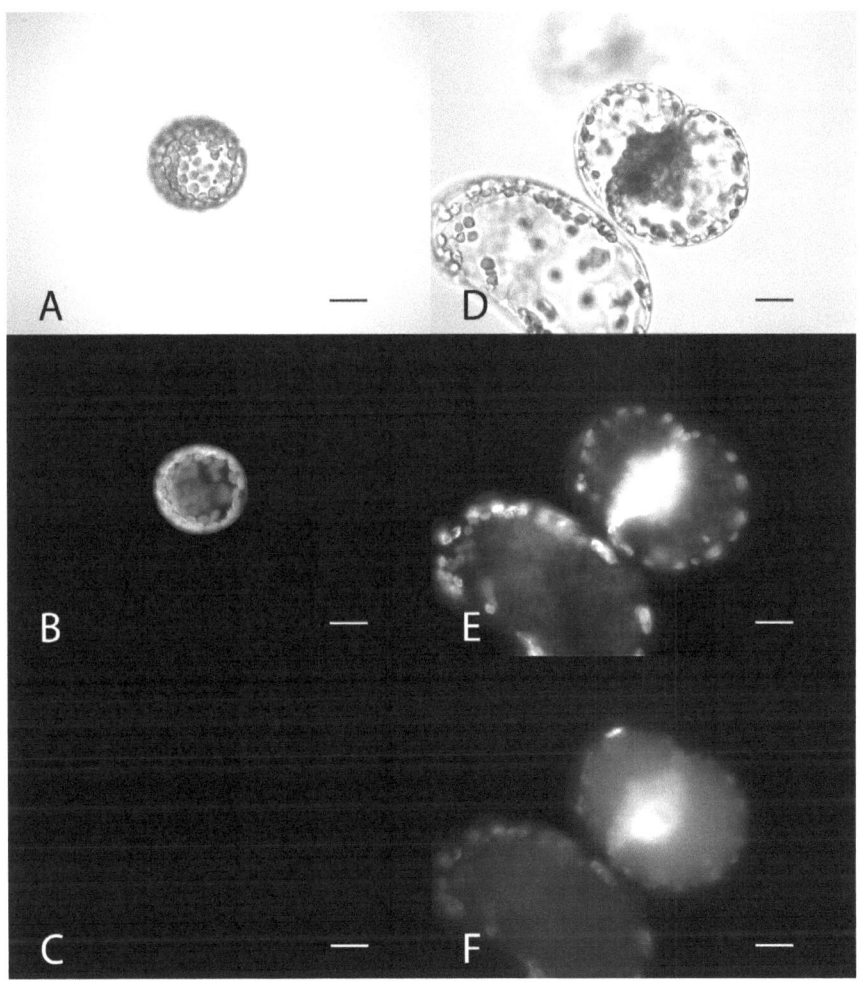

Abbildung 19: Fluoreszenzmikroskopie von Suspensionszellen, transient transformiert mit dem dsRED-Plastidenvektor
Protoplasten wurden nach dem optimierten Protokoll mit dem dsRED-Plastidenvektor transient transformiert, dann in F-PCN zunächst einen Tag im Dunkeln, dann im Licht-Dunkel-Zyklus kultiviert. Die Auswertung erfolgte wie in Abbildung 17, verwendetes Objektiv: EC Plan-Neofluar 40x/0.75 M27, Maßstab 20 µm.
A, D – Hellfeld; B, E –Chlorophyll-Autofluoreszenz; C, F – dsRED
A, B, C – 1 Tag Kultur nach Transformation, Belichtungszeit: B 37 ms, C 37 ms
D, E, F – 4 Tage Kultur nach Transformation, Belichtungszeit: E 11 ms, F - 1911 ms

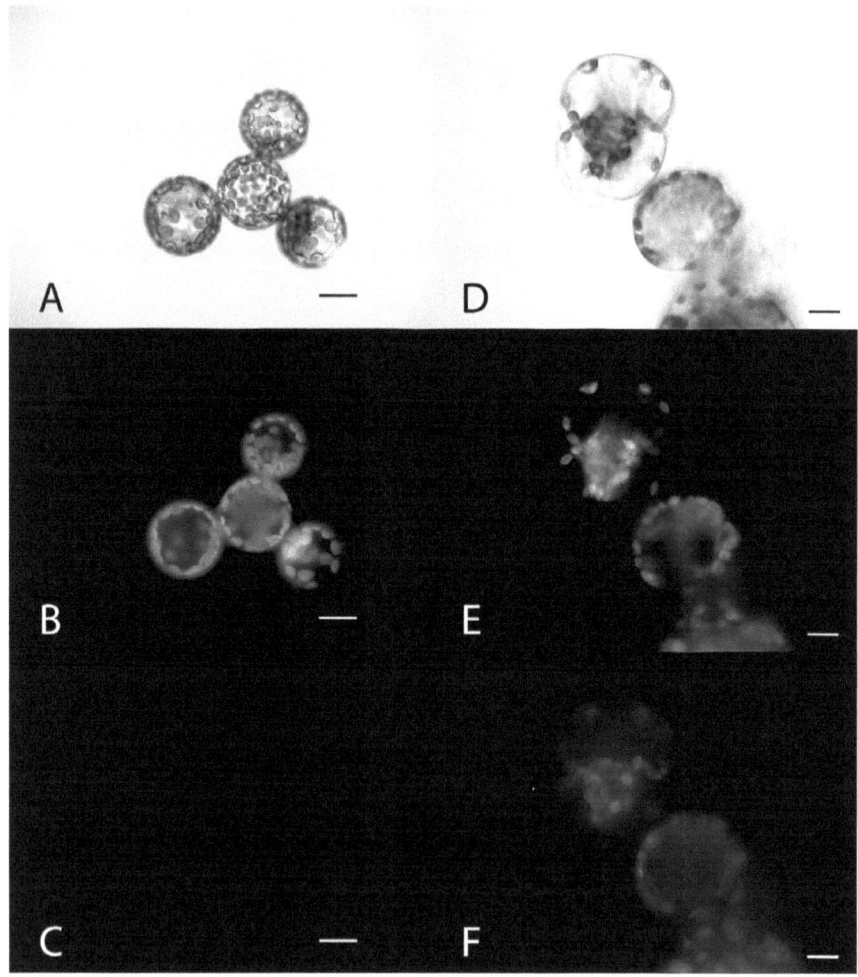

Abbildung 20: Fluoreszenzmikroskopie von Suspensionszellen, PEG-Behandlung ohne DNA
Protoplasten wurden nach dem optimierten Protokoll behandelt, statt DNA wurde TE-Puffer zugegeben. Die Zellen wurden in F-PCN zunächst einen Tag im Dunkeln, dann im Licht-Dunkel-Zyklus kultiviert. Die Auswertung erfolgte wie in Abbildung 17, verwendetes Objektiv: EC Plan-Neofluar 40x/0.75 M27, Maßstab 20 µm.
A, D – Hellfeld; B, E –Chlorophyll-Autofluoreszenz; C, F – dsRED
A, B, C – 1 Tag Kultur nach Transformation, Belichtungszeit: B 25 ms, C 25 ms
D, E, F – 4 Tage Kultur nach Transformation, Belichtungszeit: E 2,6 ms, F - 878 ms

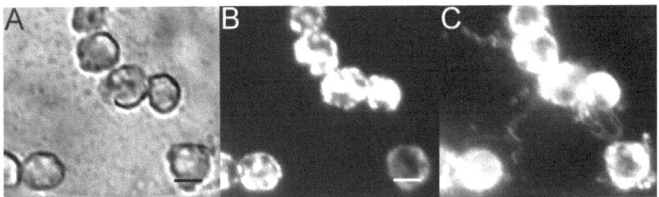

Abbildung 21: Stromuli
Ausschnitt aus Bild F Abbildung 18 A – Hellfeld; B – Chlorophyll-Autofluoreszenz; C – dsRED
Maßstab 5 µm

Bei der Transformation des Kernvektors pGJ1425 zeigten über 80 % der Zellen nach einem Tag eine dsRED-Fluoreszenz im Kern und im Cytoplasma (Abbildung 17). Damit konnte bestätigt werden, dass mit dem optimierten Protokoll eine hohe Transformationseffizienz erzielt wird, die DNA also in die Zelle gelangt. Auch mit dem Importvektor pGJ1862 wurde eine vergleichbar hohe Transformationseffizienz erhalten (Abbildung 18). Jach et al. (2001) konnten hingegen eine transiente Expression nur des Kernvektors in BY2-Tabakzellen zeigen, für den Importvektor mussten dafür stabil transformierten Tabakpflanzen generiert werden.

Interessant ist, dass sich dsRED mit dem plastidären Transitsignal nach einem Tag der Kultivierung noch im Kern bzw. Cytoplasma befand (Abbildung 18, C) und dann langsam in die Plastiden wanderte. Zwei Tage nach der Transformation waren in einigen Zellen bereits die Plastiden angefärbt (Daten nicht gezeigt). Am vierten Tag war dsRED ausschließlich in den Plastiden lokalisiert (Bild F). In diesem Stadium sind zahlreiche Stromuli (_stroma_-filled tub_ules_) zu sehen, zum Teil bilden sie komplexe Strukturen (Abbildung 21). Stromuli sind nur nach Anfärbung des Stromas zu beobachten, denn sie enthalten kein Chlorophyll und besitzen deswegen keine Autofluoreszenz. Ob diese Extensionen der Plastiden-Hüllmembran schon früher vorhanden waren, ließ sich deshalb nicht feststellen. Nach zwei Tagen waren sie noch nicht zu sehen, möglich ist aber, dass hier die dsRED-Konzentration für eine Detektion noch zu gering war. Generell werden sie jedoch selten in Mesophyllzellen beobachtet (Köhler und Hanson, 2000) und sind in den Protoplasten, die aus den stabil mit pGJ1862 transformierten Pflanzen hergestellt wurden, nicht gezeigt worden (Jach et al., 2001).

Die Bilder der dsRED- und der Autofluoreszenz vom Importvektor (Abbildung 18, E und F) bestätigen die Ergebnisse der Elektronenmikroskopie (Abbildung 13): deutlich ist zu erkennen, dass die Thylakoide nach vier Tagen Kultivierung reduziert und dass große, nichtfluoreszierende Regionen in den Organellen vorhanden sind (roter Pfeil in Bild E, F), welche die Stärkekörner in den EM-Bildern wiederspiegeln. Ebenfalls wurden bei Köhler und Hanson (2000) große Stärkekörner in Plastiden einer Tabak-Zellkultur vermutet, beobachtet als nichtfluoreszente Einschlüsse. Die Stromuli sind ein weiterer Hinweis darauf, dass eine strukturelle Änderung der ursprünglichen Mesophyllchloroplasten während der Zellkultur stattfindet. Zudem machen sie eine Isolierung von intakten Plastiden neben der Stärkeakkumulation unwahrscheinlich.

Bei der Transformation mit dem dsRED-Plastidenvektor (Abbildung 19) war nach einem (Bild C) und zwei Tagen Kultivierung (nicht gezeigt) keine Fluoreszenz im DsRed-Filter sichtbar. Wurde die Kultur auf vier Tage ausgedehnt, konnte in einer Zelle (Bild F) eine im Vergleich zu den anderen stärker fluoreszierende Plastide detektiert werden, begleitet von einer schwachen Fluoreszenz des Cytosols. Die Belichtungszeit (1911 ms) lag hier etwas höher als beim Importvektor (Abbildung 18, C: 1090 ms, Abbildung 17, F: 724 ms). Dass nur eine Zelle detektiert wurde, entspricht der stabilen Transformationsrate in Plastiden: mit der PEG-Methode nach Koop et al. (1996) werden durchschnittlich 10 bis 40 Transformanten bei einer Million eingesetzten Protoplasten erzielt, das entspricht einer von 25000 bis 100000 Zellen. Hier wurden 500000 Protoplasten in der Transformation eingesetzt, d.h. 5 bis 20 Zellen könnten transformiert sein. Weiterhin ist davon auszugehen, dass nur eine bis wenige Plastiden einer Zelle die Fremd-DNA aufnehmen, denn um eine homoplastomische Pflanze zu erhalten, müssen mehrere Selektionszyklen zur Anreicherung der transgenen Plastiden bzw. Plastomkopien durchgeführt werden. Die dsRED-Signale sollten also wie in Abbildung 19 F nur punktuell in einer Zelle vorkommen.

Ob die Fluoreszenz in Abbildung 19 F tatsächlich von dsRED herrührt, darauf kann nicht eindeutig geschlossen werden, weil nur eine Zelle in dem Ansatz gefunden wurde und damit in Betracht gezogen werden muss, dass es sich um ein Artefakt handelt. So wurde bei der Kontrolle (ohne DNA-Zugabe) beobachtet, dass Plastiden in offensichtlich abgestorbenen Zellen ein starkes Signal im dsRED-Filter zeigten. Allerdings war dann gleichzeitig die Intensität der Chlorophyll-Fluoreszenz im Filtersatz 09 (zur Detektion der Autofluoreszenz des Chlorophylls) höher, was in Abbildung 19 E nicht zu erkennen ist

(Daten nicht gezeigt). Die Zunahme der Hintergrundfluoreszenz von degradierten Plastiden im DsRed-Filter erschwert aber eine eindeutige Detektion von dsRED. Im Gegensatz dazu kann beim Importvektor-Ansatz eindeutig von einer dsRED-Fluoreszenz ausgegangen werden, obwohl das Signal (siehe Belichtungszeit) gleich schwach war: Hier wurde in allen Plastiden einer transformierten Zelle eine Fluoreszenz im DsRed-Filter gezeigt. Zusätzlich sind Stromuli zu erkennen, was nur durch eine Anfärbung des Stromas möglich ist und es zeigen zahlreiche Zellen dieses Fluoreszenzmuster.

In der vorliegenden Arbeit konnte keine transiente Expression eindeutig in Plastiden nachgewiesen werden, weder über eine GUS-Aktivität in isolierten Plastiden noch über dsRED im Fluoreszenzmikroskop. Es konnten jedoch nachfolgend stabile Plastomtransformanten mit der optimierten PEG-Methode hergestellt werden (4.2.2), weshalb eine transiente Plastidentransformation nicht ausgeschlossen wird. Anscheinend war die Signalstärke bzw. die GUS-Konzentration in den Plastiden für eine Detektion zu gering. Das gleiche gilt für dsRED. Die transienten Transformationsversuche wurden daraufhin beendet und mit der Entwicklung von induzierbaren Transgenen und der Generierung von transplastomischen Pflanzen fortgefahren.

Als Schnelltest für die generelle Funktionsfähigkeit dieser Induktionsvektoren wurde stattdessen versucht, ein Protokoll in *Escherichia coli* zu etablieren. Die Transkriptions- und Translationssysteme der Plastiden sind ähnlich zu denen von *E. coli* (Sugiura et al., 1998), weshalb plastidenspezifische Regulationselemente in den Bakterien erkannt werden (z.B. Brixey et al., 1997; Magee et al., 2004a). Nach der Transformation mit pICF7312 bzw. den Induktionsvektoren konnte eine signifikante GUS-Aktivität ermittelt werden (Daten nicht gezeigt). Eine Evaluierung der Vektoren in Bezug auf die Expressionshöhe konnte dennoch nicht erfolgen, da in beiden verwendeten Stämmen, der GUS-Deletionsmutante BW18812 (Metcalf und Wanner, 1993) und DH5α (Invitrogen Life Technologies), die Vektoren nicht stabil waren und die Werte zwischen unabhängigen Versuchen einer großen Variabilität unterlagen.

4.2 Entwicklung des plastidären Induktionssystems

Die Transkription des Reportergens *uidA* aus *E. coli*, welches die β-Glucuronidase (GUS) kodiert, sollte durch die externe Zugabe eines Signalmoleküls induziert werden können.

Als Induktionssystem wurde ein positiver Rückkopplungsmechanismus aus *Vibrio fischeri* verwendet, das *quorum sensing*. Es besteht im Wesentlichen aus drei Komponenten: dem Signalmolekül *N*-(3-Oxohexanoyl)-Homoserin-Lacton (*Vf*HSL) (Eberhard et al., 1981), dessen Rezeptor LuxR und der *lux*-Box. LuxR bindet *Vf*HSL und kann infolgedessen an die *lux*-Box binden (Urbanowski et al., 2004) und *in vivo* vom *luxI*-Promotor die Transkription initiieren (Stevens und Greenberg, 1997).

Um eine möglichst hohe Induktion und geringe Grundexpression (nicht induziert) in den transgenen Pflanzen zu erreichen, wurden verschiedene Vektoren kloniert. Das Grundgerüst ist bei allen gleich (Abbildung 22): Als Selektionsmarker der transplastomen Pflanzen wurde *aadA* verwendet, das eine Resistenz gegenüber Spectinomycin und Streptomycin verleiht (Svab und Maliga, 1993). *aadA* wurde im Operon mit *luxR* (Rezeptor/ Aktivator) unter die Kontrolle eines konstitutiven Promotors gesetzt. In entgegengesetzter Richtung wurde der induzierbare Promotor für die Transkription von *uidA* kloniert, welches die 5'-UTR des Phagen 7 Gen 10 (T7G10) und einen modifizierten N-Terminus (MASIS) für eine hohe Expressionsrate enthält (Herz et al., 2005). Zur Stabilisierung der jeweiligen mRNA sind außerdem die 3'-untranslatierte-Region (3'-UTR) des *rbcL*-Gens (*TrbcL* von *Chlamydomonas reinhardtii*) bzw. des *rpl32*-Gens von *Nicotiana tabacum* (*Trpl32*) eingefügt (Eibl et al., 1999).

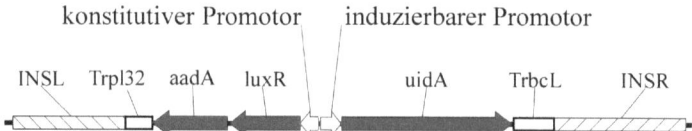

Abbildung 22: Aufbau der Induktionsvektoren
INSL, INSR – linke und rechte Insertionsflanke, Sequenzen zw. *trnV(GAC)* und 3' *rps12* des Tabakplastoms; Trpl32 – 3'-UTR von *rpl32* aus *N. tabacum*; Trbcl – 3'-UTR von *rbcL* aus *C. reinhardtii*; aadA – Gen der Aminoglycosid-3'-Adenylyltransferase aus *E. coli*; luxR – Gen des Rezeptors/ Aktivators aus dem *lux*-Operon von *V. fischeri*; uidA – Gen der β-Glucuronidase aus *E. coli*

Schließlich enthalten sie die Insertionsflanken für die stabile Integration der Expressionskassette ins Plastom, und zwar zwischen *trnV* und *rps12* in den *inverted repeats* (*IR*, Abbildung 28, S. 98). Wurde *uidA* ohne Promotor zwischen *trnV* und *rps12* integriert, konnte von Zoubenko et al. (1994) keine mRNA des Reportergens detektiert werden, d.h. eine Transkription von angrenzenden endogenen plastidären Promotoren wird weitestgehend ausgeschlossen.

Es wurden vier verschiedene Promotorelemente bzw. -Kombinationen getestet (Abbildung 23, S. 88). Im Vektor pSB A wurde die binäre regulatorische Sequenz zwischen dem linken und dem rechten *lux*-Operon aus *V. fischeri* verwendet: In Richtung des *luxR-aadA*-Operons befindet sich der schwach konstitutive *luxR*-Promotor und in Richtung des *uidA*-Gens der *luxI*-Promotor, welcher die *lux*-Box enthält und durch den LuxR-*Vf*HSL-Komplex induziert wird. Der *luxI*-Promotor besitzt bereits im nicht induzierten Zustand eine geringe Transkriptionsaktivität (Engebrecht und Silverman, 1987; Devine et al., 1989). Um die basale Transkription zu reduzieren, wurden weitere Vektoren mit chimären induzierbaren Promotoren kloniert (pSB B, C und D) und das *luxR-aadA*-Operon unter die Kontrolle des konstitutiven *PrrnP1*-Promotors gesetzt (Suzuki et al., 2003).

Statt *PrrnP1* wurde für das induzierbare Promotorkonstrukt *PrbcL* verwendet, denn homologe Sequenzen innerhalb eines Vektors sollten vermieden werden. Diese können zu einer Rekombination mit anschließender Deletion bzw. Inversion von DNA-Regionen in den transformierten Plastiden führen (z.B. Eibl et al., 1999; Rogalski et al., 2006). Bei der verwendeten Sequenz des plastidären *rbcL*-Promotors von -35 bis +9 handelt es sich um einen PEP-Promotor, d.h. er wird ausschließlich von einer RNA-Polymerase (RNAP) transkribiert, die der eubakteriellen α_2 $\beta\beta'$-RNAP verwandt ist (Allison et al., 1996; Hajdukiewicz et al., 1997; Shiina et al., 1998). Die zu den α_2 $\beta\beta'$-Untereinheiten homologen Gene sind im Plastom kodiert, weshalb von einer in Plastiden kodierten plastidären RNAP gesprochen wird, kurz PEP (Reviews Igloi und Kössel, 1992; Gruissem und Tonkyn, 1993). PEP-Promotoren sind den eubakteriellen σ^{70}-Typ-Promotoren ähnlich und enthalten ebenso zwei konservierte, hexamerische Sequenzen (TTGaca und TAtaaT), die -35- und -10-Box (Link, 1994).

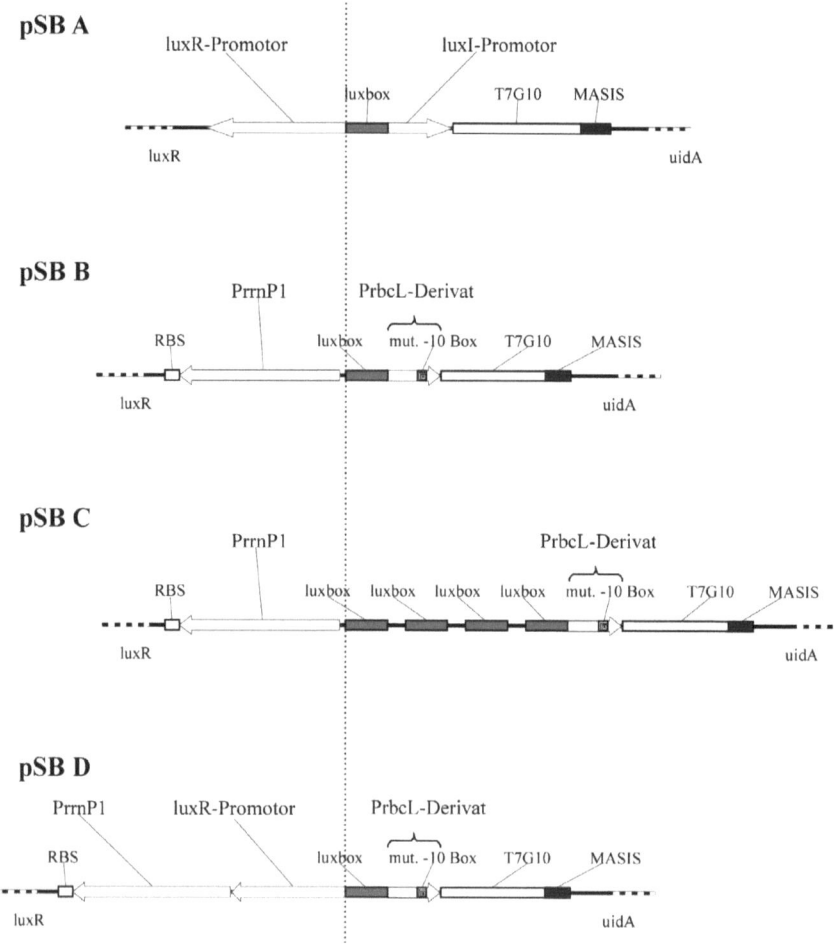

Abbildung 23: Promotorelemente der Induktionsvektoren im Überblick
Die gepunktete Linie (vertikal) stellt die Grenze zwischen dem konstitutiven (links) und dem induzierbaren Promotor (rechts) dar.
luxR – VfHSL-Rezeptor/ Aktivator; luxR-Promotor – konstitutiver Promotor des linken *lux*-Operons; luxbox – Bindedomäne des LuxR-VfHSL-Komplexes; luxI-Promotor – induzierbarer Promotor des rechten *lux*-Operons; T7G10 – 5'-UTR des Phagen 7 Gen 10; MASIS - „*down stream box*", synthetische N-terminale Fusion von 15 Nukleotiden; uidA – β-Glucuronidase; RBS - ribosomale Bindestelle der 5'-UTR des plastidären *rbcL*-Gens von *N. tabacum*; PrrnP1 – konstitutiver *PrrnP1*-Promotor des *rRNA*-Operons von *N. tabacum*; PrbcL-Derivat – siehe Abbildung 24, inaktives Promotorelement abgeleitet vom *PrbcL* aus *N. tabacum*;

Nach Shiina et al. (1998) reicht die Sequenz von -35 bis +9 von P*rbcL* aus, um die gleiche Transkriptmenge wie im Wildtyp zu erhalten. Diese Sequenz wurde folgendermaßen modifiziert (Abbildung 24): Das Zentrum der 20 Basenpaare (bp) langen *lux*-Box befindet sich *in vivo* 42,5 bp vom Transkriptionsstart des *luxI*-Gens entfernt, d.h. sie überschneidet sich mit der −35-Region (Polymerase-Erkennungssequenz). Der native *luxI*-Promotor enthält damit keine Sequenz, die eine signifikante Ähnlichkeit zur -35-Box von σ^{70}-RNAP-Promotoren hat (Egland und Greenberg, 1999). Um die *lux*-Box im gleichen Abstand zum Transkriptionsstart zu klonieren, wurde deshalb die -35-Box von *PrbcL* entfernt. Die Transkription im nicht induzierten Zustand sollte weiter auf ein sehr niedriges Niveau reduziert werden. *PrbcL* führt zwar zu einer ca. zehnmal schwächeren Expression von GUS als *PrrnP1* (Herz et al., 2005), ist aber trotzdem noch ein relativ starker konstitutiver Promotor (Baumgartner et al., 1993). Aus diesem Grund wurde zusätzlich die -10-Box mutiert. Nach Kim et al. (1999) sollte das verwendete *PrbcL*-Derivat mit der fehlenden -35-Box und der mutierten -10-Box allein nicht aktiv sein. Das Derivat wurde jedoch verwendet, um die *lux*-Box in den richtigen Abstand zum Transkriptionsstart zu bringen und die Affinität der RNA-Polymerase zur DNA-Sequenz zu erhalten.

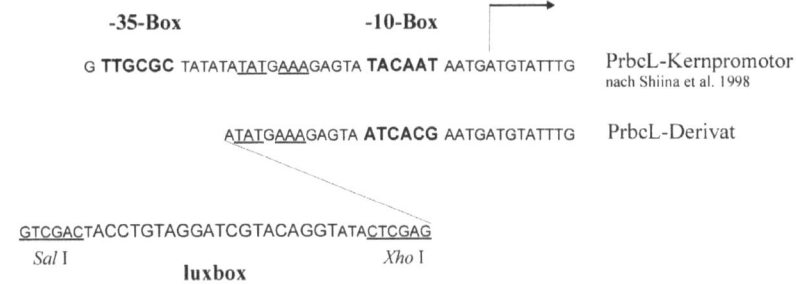

Abbildung 24: *PrbcL*-Derivat
Gezeigt ist die native Sequenz (oben) des σ^{70}-artigen eubakteriellen PEP-Promotors *PrbcL* von *N. tabacum* nach Shiina et al. (1998), mit dem Transkriptionsstart (horizontaler Pfeil) und den −35-/−10-Promotorelementen (fettgedruckt). Die konservierte CDF1 III-Region (CDF1 − Chloroplasten-DNA-Bindefaktor 1) ist unterstrichen. Darunter ist die modifizierte Sequenz mit der mutierten −10-Box dargestellt, welche für die Vektoren pSB B, C und D verwendet wurde.

Weiterhin wurde in der Arbeit von Suzuki et al. (2003) erstmals vorgeschlagen, dass die −10-Box, die als elementarer Bestandteil für die Funktion von PEP-Promotoren gilt, zumindest in *PrrnP1* eine geringe Rolle spielt, in Verbindung mit einer stromaufwärts der −35-Box gelegenen Aktivator-Region im rRNA-Operon (RUA − *rRNA operon upstream activator*). In vitro-Analysen hatten ergeben, dass von Konstrukten, die den *PrrnP1*-Promotor einschließlich der RUA-Sequenz mit einer mutierten −10-Box enthielten, die Transkriptmengen im Vergleich zum Wildtyp-Promotor nicht reduziert waren. Die σ-Faktor-Interaktion wurde möglicherweise zum Teil durch eine direkte PEP-RUA- (Protein-DNA) Interaktion ersetzt, bzw. durch eine Protein-Protein-Interaktion zwischen PEP und einem mutmaßlichen RUA-Bindungs-Transkriptionsfaktor (Suzuki et al., 2003). Die gleiche Aktivator-Funktion wurde für die *lux*-Box angenommen, welche zur Bindung des *Vf*HSL-LuxR-Komplexes an die DNA ausreicht, der wiederum die RNAP bindet (Egland und Greenberg, 2000; Urbanowski et al., 2004). Es wurde daher davon ausgegangen, dass der chimäre Promotor mit der *lux*-Box und dem *PrbcL*-Derivat durch die Zugabe von *Vf*HSL trotz der mutierten −10-Box aktiviert werden kann.

Für den Vektor pSB B wurde das *PrbcL*-Derivat mit einer, in pSB C mit vier *lux*-Boxen fusioniert (Abbildung 23). Die Repetition der *lux*-Box ist angelehnt an die Arbeit von You *et al.* (2006), in der das *quorum sensing*-System von *Agrobacterium tumefaciens* für die Regulation eines in den Kern integrierten Transgens verwendet wurde. Die Bindedomäne des Signalmolekül-Rezeptor-Komplexes (*tra*-Box) wurde dort drei bis viermal im Promotor wiederholt. Bei pSB D (Abbildung 23) wurde zusätzlich an die *lux*-Box der *luxR*-Promotor stromaufwärts angefügt, in die entgegengesetzte Richtung von *uidA* zeigend, da dieser die Aktivität des *luxI*-Promotors im nicht induzierten Zustand reprimieren soll (Dunlap und Greenberg, 1985).

4.2.1 Herstellung der Induktionsvektoren

Die plastidären Regulations- bzw. Transformationselemente wurden mittels PCR aus vorhandenen Vektoren amplifiziert und zunächst durch *TA-Cloning* in pDrive® kloniert (PCR Cloning System, Qiagen), da Restriktionsendonucleasen an den Enden von DNA-Molekülen meist ineffizient schneiden. Alle PCR-Produkte wurden anschließend sequenziert. DNA-Moleküle mit einer fehlerfreien Sequenz wurden daraufhin mit Hilfe von Restriktionsenzymen aus pDrive ausgeschnitten und in die jeweiligen Vektoren kloniert.

Für pSB R (Abbildung 25), der beide Insertionsflanken und die jeweiligen 3'-UTR (*TrbcL* und *Trpl32*) enthält, wurde von pICF1050 (Abbildung 6 VIII) mittels PCR die linke Insertionssequenz (INSL) und *Trpl32* amplifiziert und durch die Primer p406 und p407 *Hin*d III und *Kpn* I-Restriktionsschnittstellen angefügt. Nach der Klonierung in pDrive wurde INSL-*Trpl32* mit *Hin*d III ausgeschnitten und in pICF956 (Abbildung 6 VII) ligiert, welcher zuvor ebenfalls mit *Hin*d III verdaut und dadurch INSL und *aphA-6* (Kanamycin-Resistenzgen) entfernt wurden. In pSB R wurden im Folgenden die restlichen Sequenzen der jeweiligen Expressionskassetten in die *Kpn* I-Restriktionsschnittstelle eingefügt.

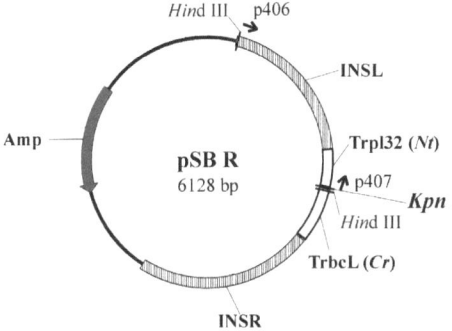

Abbildung 25: pSB R
Gezeigt sind die Schnittstellen, die durch die Primer p406 und p407 eingefügt wurden. Nach Linearisierung mit *Kpn* I (Restriktionsschnittstelle fettgedruckt) kann die restliche Expressionskassette integriert werden.
Amp – Ampicillin-Resistenzgen; INSL, INSR – linke und rechte Insertionsflanke; Trpl32 – 3'-UTR von *rpl32* aus *N. tabacum*; Trbcl – 3'-UTR von *rbcL* aus *C. reinhardtii*

Für die Klonierung der nativen Promotor- und *luxR*-Sequenzen wurde die genomische DNA aus *V. fischeri* ATCC 7744 isoliert (erhalten von der Deutschen Sammlung von Mikroorganismen und Zellkulturen GmbH, Braunschweig). Die spezifischen Bereiche wurden mit dem Primerpaar p400/ p401 (*Bam*H I und *Apa* I-Schnittstellen angefügt) in einer PCR mittels der Taq-Polymerase (Qiagen) amplifiziert und durch *TA-Cloning* in pGEM®-T Easy (pGEM-T Easy Vector System, Promega) kloniert. Das PCR-Produkt wurde mit *Bam*H I ausgeschnitten und in den mit *Bam*H I linearisierten Vektor pUC18 (Abbildung 6 IV) ligiert, woraus pSB 1 entstand (Abbildung 26, A). Im weiteren Schritt wurde das PCR-Produkt *aadA* mit einer synthetischen ribosomalen Bindestelle (RBS) von pICF5341 (Abbildung 6 VI) amplifiziert, aus pDrive mit *Kpn* I und *Apa* I ausgeschnitten und in den mit gleichen Enzymen linearisierten pSB 1 ligiert (pSB 2 – Bild B). Als letztes wurde *uidA* mit der 5'-UTR T7G10 und der MASIS-Sequenz von pICF7312 (Abbildung 6 I) mittels PCR amplifiziert (Bild C).

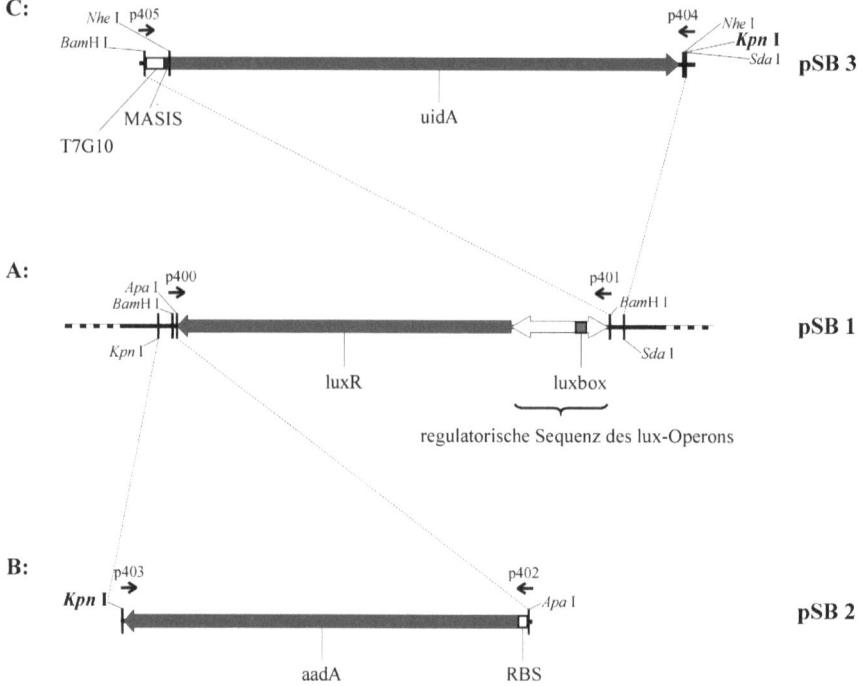

Abbildung 26: Klonierungsschritte für pSB A
Restriktions-Erkennungssequenzen, die durch Primer zusätzlich eingefügt wurden, sind oberhalb der DNA, die anderen, bereits in pUC18 vorhandenen unterhalb der DNA dargestellt. Die *Kpn* I-Schnittstelle (fettgedruckt) kennzeichnet die Kassette, welche durch *Kpn* I ausgeschnitten und in pSB R kloniert wird. RBS – synthetische ribosomale Bindestelle, nach Koop et al. (1996)

Neben den für die Klonierung benötigten Restriktionsschnittstellen *Bam*H I, *Kpn* I und *Sda* I wurden *Nhe* I-Erkennungssequenzen direkt ans 5'- und 3'-Ende von *uidA* angefügt, um später das Reportergen bei Bedarf austauschen zu können. Das PCR-Molekül wurde aus pDrive mit *Sda* I und *Bam*H I ausgeschnitten und in pSB 2, das mit den gleichen Enzymen linearisiert wurde, integriert, woraus pSB 3 entstand. Mit *Kpn* I konnte letztendlich die Expressionskassette ausgeschnitten und in den mit *Kpn* I linearisierten pSB R ligiert werden (pSB A – Abbildung 23, S. 88).

Die Vektoren pSB B, C und D mit den chimären Promotoren wurden wie in Abbildung 27 (S. 94) dargestellt kloniert. Als erstes wurde die *lux*-Box mittels einer inversen PCR, bei der die Primer in die entgegengesetzte Richtung zeigen (p438, p437), in den Vektor pICF7341 (Abbildung 6 V) kloniert (pSB-1L – Abbildung 27 A). Die 20 bp der *lux*-Box wurden dabei durch die 5'-Enden der Primer angefügt wie vorher die zusätzlichen Restriktionsschnittstellen. Die PCR wurde mit der Phusion-Polymerase (Finnzymes) durchgeführt und die mit diesem Enzym entstehenden glatten Enden des PCR-Produktes ligiert. Im nächsten Schritt wurde durch eine weitere inverse PCR mit Phusion und dem Primerpaar p410/ p411 das *PrbcL*-Derivat eingefügt (pSB 1L1 – Bild B). Nach der Sequenzierung von mehreren, unabhängig klonierten pSB 1L1-Vektoren stellte sich heraus, dass jeweils mindestens eine Base in der Sequenz des inaktiven *PrbcL*-Derivats fehlte, obwohl die komplementären Sequenzen dazu in den Primern p411 und p410 vorhanden waren. Ein Klon, bei dem nur ein dTTP in der Position –3 vom Transkriptionsstart fehlte, wurde für die folgenden Klonierungen ausgewählt. Es wurde davon ausgegangen, dass die Differenz von einer Base und damit ein Abstand des *lux*-Box- Zentrums von 41,5 bp zum Transkriptionsstart keinen großen Einfluss auf die Promotorfunktion haben sollte.

Für die Klonierung des Moleküls in Abbildung 27 C wurde die *overlap extension*-Methode von Ho et al. (1989) verwendet. Dafür wurde das Gen *luxR* in einer PCR mit Phusion und dem Primerpaar p400/ p412 von pSB 1 (Abbildung 26 A) amplifiziert. In einer weiteren PCR wurde der Promotor *PrrnP1* von pICF7312 (Abbildung 6 I) mit Phusion und dem Primerpaar p413/ p414 erhalten. Die PCR-Produkte wurden durch eine Gelelektrophorese gereinigt und als Ziel-DNA in einer dritten PCR mit Taq und dem Primerpaar p400/ p414 eingesetzt. In den Primern p412 (PCR 1) und p413 (PCR 2) sind die Sequenzen an den jeweiligen Enden zueinander komplementär.

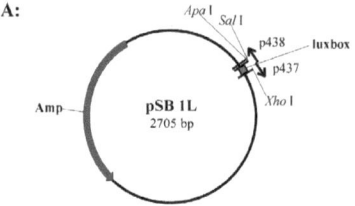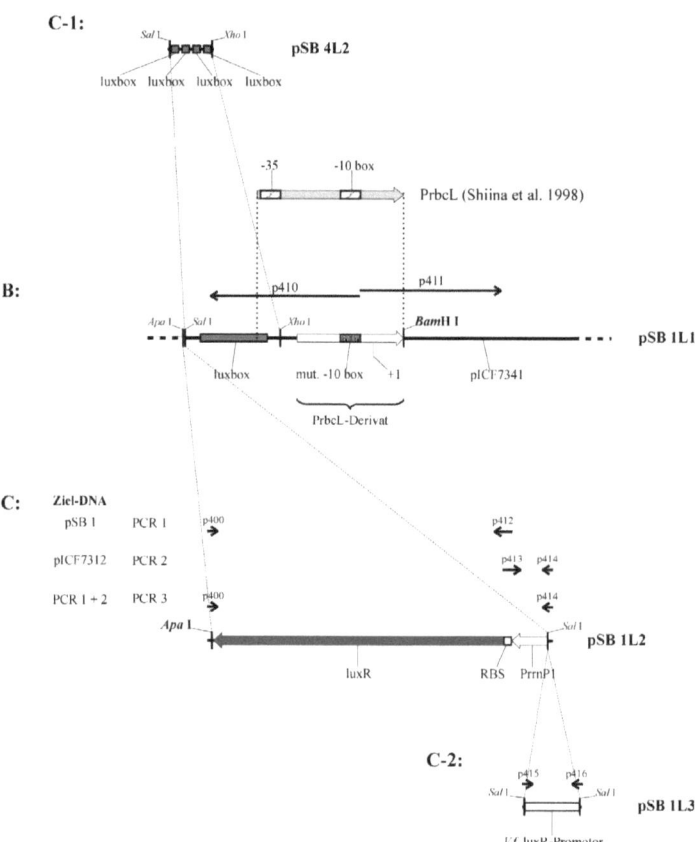

Abbildung 27: Klonierung von pSB B, C und D
Gezeigt sind die Restriktions-Erkennungssequenzen, die mit Primern zusätzlich eingefügt wurden. Die *Apa* I und *Bam*H I-Schnittstellen (fettgedruckt) kennzeichnen die Kassette, welche jeweils in pSB 3 kloniert wird. In pSB 1L1 ist zum Vergleich der native *PrbcL*-Kernpromotor dargestellt, in C die Primer der *overlap extension*-Methode, in C-1 die synthetische Sequenz hergestellt von Geneart.
+1 – Transkriptionsstart

Dadurch konnten in der dritten PCR die Produkte aus der ersten und zweiten PCR an der kurzen komplementären Sequenz hybridisieren und dienten sich somit gegenseitig als Primer. Mit den Primern p400 und p414 schließlich wurde das vollständige Molekül aus Abbildung 27 C amplifiziert. Die Sequenzen der verwendeten Primer wurden dabei so gewählt, dass die Stringenz der jeweiligen Primer-DNA-Bindung bzw. des kurzen komplementären Bereichs bei der gleichen Hybridisierungs-Temperatur gewährleistet wurde. Durch den dATP-Überhang, den die Taq synthetisiert, wurde das PCR-Produkt in pDrive kloniert (*TA-Cloning*), dann mit *Apa* I und *Sal* I ausgeschnitten und in den mit *Apa* I und *Sal* I verdauten Vektor pSB 1L1 kloniert (pSB 1L2 – C).

Für den Vektor pSB C wurde aus pSB 1L2 die *lux*-Box mit *Sal* I und *Xho* I ausgeschnitten und durch eine Sequenz ersetzt, die viermal die *lux*-Box enthält, im Abstand von jeweils 10 bp (pSB 4L2 – C-1). Diese Sequenz wurde von Geneart AG (Regensburg) mit den Restriktionsschnittstellen *Sal* I und *Xho* I an den Enden synthetisiert. Um den Vektor pSB D zu erhalten, wurde in pSB 1L2 der *luxR*-Promotor durch die *Sal* I-Restriktionsschnittstelle eingefügt. Der *luxR*-Promotor wurde ebenfalls mittels PCR von pSB 1 amplifiziert, mit dem Primerpaar p415/ p416 (pSB 1L3 – C-2). Die Kassetten von pSB 1L2, 4L2 und 1L3 wurden jeweils mit *Apa* I und *Bam*H I ausgeschnitten und in den mit *Apa* I und *Bam*H I verdauten pSB 3-Vektor (Abbildung 26 C), wodurch *luxR* mit den nativen *lux*-Promotoren entfernt wurde, kloniert. Hieraus wurden die Kassetten mit *Kpn* I ausgeschnitten und in den mit *Kpn* I linearisierten pSB R kloniert. Die Vektoren pSB A, B, C und D wurden mit verschiedenen Restriktionsenzymen und abschließend mittels Sequenzierung überprüft.

4.2.2 Analyse der Transformanten

Die Induktionsvektoren pSB A, B, C und D wurden mittels der PEG- (Linie B) bzw. der biolistischen Methode (Linie A, C und D) in *N. tabacum* transformiert. Eine Transformationseffizienz kann dazu nicht angegeben werden, denn auf Grund von Bakterienkontaminationen während der Selektionszyklen konnte ein Großteil der Linien nicht fortgeführt werden. Von jedem Vektor wurde eine transplastome Tabak-Linie (A1, B1, C1), bei pSB D zwei unabhängige Linien D1 und D2 erhalten. Die Homoplasmie und der richtige Integrationsort der Induktionskassette wurde mit einer Southern-Analyse nachgewiesen (Abbildung 28, S. 98). Neben dem erwarteten Fragment von ca. 11,2 kb ist bei allen Linien zusätzlich eine weitere, schwächere Bande zu sehen, mit einer Größe von ca. 18,2 kb. Diese lässt sich mit einer intramolekularen Rekombination des transgenen Plastoms erklären (Abbildung 29, S. 99). Bei der Insertion der Induktionskassette in die *inverted repeats* (*IR*) entsteht eine direkte Sequenzwiederholung zum nativen *Trpl32* im Plastom. Diese 290 bp lange homologe Sequenz von *Trpl32* reicht aus, um durch eine Rekombination zu einer Deletion im Plastom zu führen, gezeigt bei Eibl et al. (1999) und Huang et al. (2002). Es entfällt dadurch ein ca. 14,5 kb großes Fragment, das infolgedessen zur Detektion des 18,2 kb großen Moleküls führt. Innerhalb der deletierten Region befinden sich neben Genen für ribosomale rRNA's, tRNA's usw. auch die Replikationsursprünge *oriA2* und *oriB2* (Kunnimalaiyaan und Nielsen, 1997).

Um Effekte zu vermeiden, die durch die Gewebekultur entstanden sind (z.B. Takebe et al., 1971; Scharff und Koop, 2007), sollten die Induktionstests mit der F1-Generation durchgeführt werden. Die Pflanzen wurden zur Reproduktion aus der *in vitro*-Kultur ins Gewächshaus transferiert. Alle Linien, bis auf D1, bildeten nach der Selbstung keine Samen. Diese wurden erst durch eine Rückkreuzung mit Wildtyp-Pollen erhalten. Die Samen wurden geerntet und die Keimungsrate unter hohem Selektionsdruck von beiden Antibiotika (500 µg/ ml Spectinomycin, Streptomycin) bestimmt (

Tabelle 9, S. 100). Alle Keimlinge waren grün, d.h. sie waren gegen beide Antibiotika resistent. Das Resistenzgen *aadA* wurde offensichtlich maternal vererbt wie die Plastiden in Tabak (Ruf et al., 2007; Svab und Maliga, 2007) und es fand keine Aufspaltung statt. Damit werden die Ergebnisse der Southern-Analyse in Bezug auf die Integration von *aadA* ins Plastom und die Homoplasmie bestätigt. Die Keimung war bei allen Linien im Vergleich zum Wildtyp um eine Woche verzögert, außer bei D1. Hier erfolgte die Keimung in derselben Zeit wie beim Wildtyp, ebenso ist die Keimungsrate von 98 % vergleichbar. Im Weiteren ließ sich phänotypisch kein Unterschied zu Wildtyp-Pflanzen feststellen.

a) Wildtyp-IR$_B$

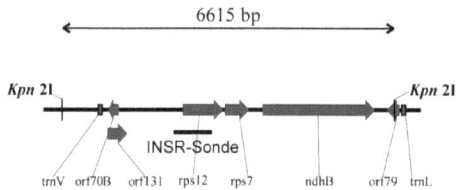

b) IR$_B$ mit Induktionskassette

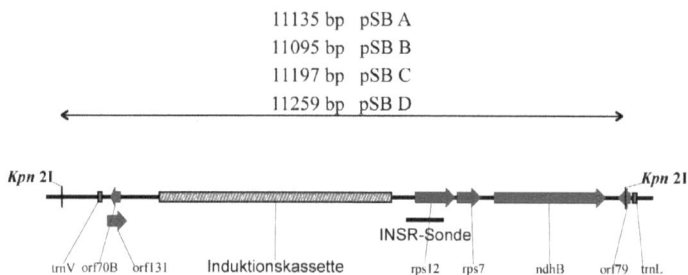

c) Southern

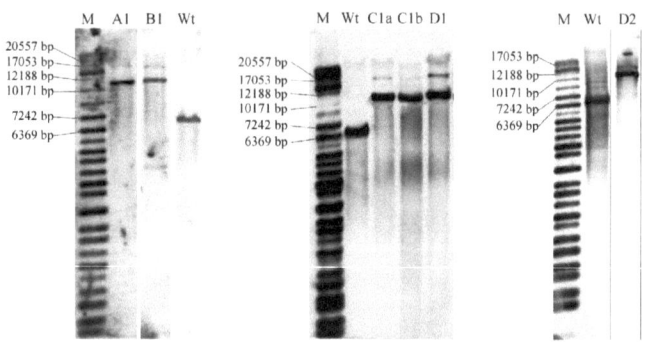

Abbildung 28: Southern-Analyse zum Nachweis der Integration von pSB A, B, C bzw. D
Die Gesamt-DNA wurde mit *Kpn* 2I verdaut. Es wurde eine INSR-Sonde als Nachweis verwendet, als Negativkontrolle diente DNA des Wildtyps von *N. tabacum*. Dargestellt sind die Schemata der Integrationsstelle im IR$_B$ im Wildtyp (a) und den Transformanten (b), im IR$_A$ ist die Situation identisch. c): Southern-Analyse der homoplastomischen T1-Linien (*in vitro*-Kultur).
M – Marker (DNA-Marker II for Genomic DNA Analysis); A1, B1, C1, D1, D2 – T1-Linien transformiert mit pSB A, pSB B, pSB C bzw. pSB D; C1a, C1b – von derselben C-Linie zwei regenerierte Pflanzen

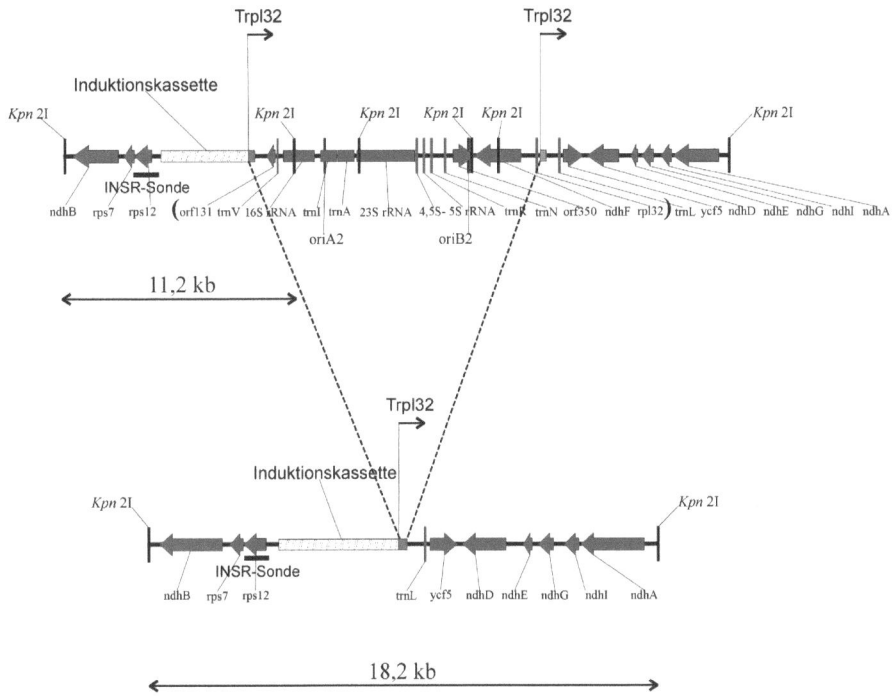

Abbildung 29: Intramolekulare Rekombination
Eine direkte Sequenzwiederholung zum nativen *Trpl32* (Position im Wildtyp 115223-115509 bp) entsteht mit der Induktionskassette integriert in *IR$_A$* (oben). Diese Sequenz reicht aus, um zu einer Rekombination zu führen, infolgedessen der Bereich dazwischen deletiert wird (in Klammern gesetzte Gene). Dadurch wird ein weiteres Fragment von 18,2 kb in der Southern-Analyse mit der INSR-Sonde detektiert (unten).

Tabelle 9: Keimungsrate der transgenen F1-Generationen unter Selektionsdruck
Die Samen wurden auf B$_5$mod-Medium mit 500 µg/ µl Spectinomycin/ Streptomycin ausgesät, nach 1 und 2 Wochen wurden die Keimlinge gezählt. Alle Keimlinge waren grün.
A1, B1, C1, D1, D2 – F1-Linien mit Induktionskassetten von pSB A, pSB B, pSB C bzw. pSB D; C1a, C1b – von derselben C-Linie zwei regenerierte Pflanzen

transgene Linie	Anzahl ausgesäter Samen	Keimlinge	
		nach 1 Woche	nach 2 Wochen
A1	67	2	14
B1	92	6	14
C1a	82	1	7
C1b	81	1	7
D1	98	96	96
D2	111	0	10

4.2.3 Induktion der GUS-Expression

Für die Induktionstests der F1-Linien wurden die Pflanzen *in vitro* und im Gewächshaus angezogen. Anschließend wurden Blattscheiben aus den reifen, nicht seneszenten Blättern mit 1 mM *Vf*HSL bzw. mit dem gleichen Volumen Ethanol (1 % v/v) als Kontrolle vakuuminfiltriert. Die HSL-Konzentration wurde von You et al. (2006) übernommen. Dort wurde bei transgenen *Arabidopsis*-Pflanzen, die ein Induktionssystem basierend auf dem *quorum sensing* aus *A. tumefaciens* enthielten, für die Induktion des Transgens eine Besprühung mit 1 mM 3-Oxooctanoyl-Homoserin-Lactons (*At*HSL) verwendet.

Nach 24 Stunden Inkubation wurde die GUS-Konzentration im fluorimetrischen MUG-Assay bestimmt (Abbildung 30). Die GUS-Expression der Induktionslinien war insgesamt relativ niedrig, im Vergleich zur konstitutiv GUS-exprimierenden transplastomen Pflanze 361 (Herz et al., 2005) mit einer Konzentration von 1,76 ± 0,5 % vom gesamtlöslichen Protein (GLP), die als Positivkontrolle mitgeführt wurde. Zwischen den einzelnen Individuen der gleichen transgenen Linie bzw. von unabhängigen Linien des gleichen Konstruktes (D1, D2) war die Varianz der Werte gering, wie bei homoplastomischen Transformanten erwartet wird. Die höchste Expression wurde in Linie A mit den nativen *lux*-Promotoren von *V. fischeri* nach Induktion erhalten, mit durchschnittlich 0,23 % GLP. In allen Linien war eine Expression im nicht induzierten Zustand vorhanden, am stärksten bei Linie A. Nach der Zugabe von *Vf*HSL fand im Mittel eine Steigerung der Werte um den Faktor zwei statt. Die niedrigste GUS-Menge wurde bei Linie B (*PrbcL*-Derivat fusioniert mit einer *lux*-Box) erzielt. Darauf folgt Linie C (*PrbcL*-Derivat mit vier *lux*-Boxen) und anschließend Linie D, welche zusätzlich zu Linie B den schwach konstitutiven *luxR*-Promotor in entgegengesetzter Richtung von *uidA* enthielt. Diese Reihenfolge bleibt in allen Ansätzen/ Kulturbedingungen gleich. Diese Ergebnisse wurden auch mit den primären Transformanten (T_0) erzielt (Daten nicht gezeigt). Weiterhin fällt auf, dass bei der B-, C- und D-Linie die GUS-Expression in der *in vitro*-Kultur um ca. eine Zehnerpotenz höher ist, als bei den Gewächshauspflanzen (*in vitro* : Gewächshaus – Linie B 2×10^3 : 3×10^4; Linie C 9×10^3 : 6×10^4; Linie D 2×10^2 : 1×10^3 % GLP), im Gegensatz zur A-Linie und 361 (361 *in vitro* GUS- Konzentration 1,78 % GLP, Gewächshaus 1,74 % GLP).

Die Transkription des Reportergens *uidA* erfolgt also in allen Linien im nicht induzierten Zustand, auch von den Konstrukten mit dem chimären, inaktivierten *PrbcL*-Promotor. Dabei lässt sich eine positive Korrelation der GUS-Expression zur Anzahl der angebotenen Promotorelemente feststellen (B: eine *lux*-Box < C: vier *lux*-Boxen < D: *luxR*-Promotor und eine *lux*-Box). Die Linie A mit den nativen Promotoren des *lux*-Operons aus *V. fischeri* zeigt die stärkste Aktivität. Nach Zugabe von *Vf*HSL wurde dagegen keine signifikante Induktion ermittelt. In *E. coli* (DH5α, BW18812), transformiert mit den pSB-Vektoren, wurde der gleiche Trend erhalten, in Bezug auf die niedrige Induzierbarkeit und die Konstrukt-Reihenfolge in Höhe der produzierten GUS-Menge.

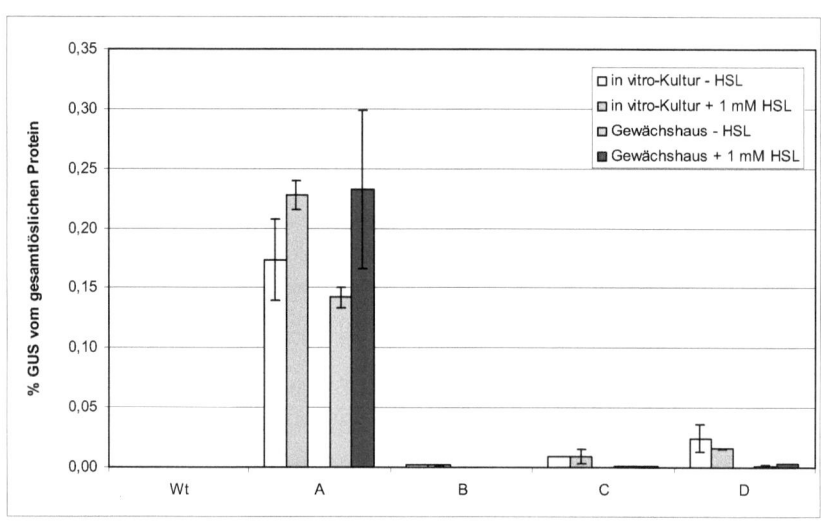

Abbildung 30: GUS-Expression der transgenen F1-Linien
Die F1-Pflanzen wurden 3 Wochen nach der Vereinzelung *in vitro* kultiviert (*in vitro*-Kultur), bzw. danach für 4 Wochen ins Gewächshaus auf Erde transferiert (Gewächshaus), Pflanzen nicht blühend. Blattscheiben der mittleren Blätter (*in vitro*: 3. Blatt von unten, Gewächshaus: 5. Blatt von unten) wurden mit 1 mM *Vf*HSL induziert, Kontrolle Ethanol (1 % v/v). Im optimierten MUG-Assay wurden 4 µg (*in vitro*) bzw. 30 µg Protein (Gewächshaus) des Rohextraktes eingesetzt.
Pro Linie und Kulturbedingung wurden 2 Pflanzen getestet: A - 2 Pflanzen von A1; B - 2 Pflanzen von B1; C – 1 Pflanze von C1a, 1 Pflanze von C1b; D – je 1 Pflanze von D1 bzw. D2

5 Diskussion

5.1 Transientes Expressionssystem in Plastiden

Seit der Arbeit von Golds et al. (1993) werden mit der PEG-Methode stabile Plastomtransformanten von *Nicotiana tabacum* generiert. In der vorliegenden Arbeit sollte darauf aufbauend ein transientes Expressionssystem etabliert werden, um in relativ kurzer Zeit Plastiden-Transformationsvektoren auf ihre Funktionalität und Expressionsstärke testen zu können. Hierfür wird die exprimierte Proteinmenge eines Reportergens kurz nach der Transformation unabhängig von dessen stabilen Integration ins Plastom ermittelt. Es erfolgte zunächst eine Optimierung des sogenannten Standardprotokolls (Kapitel 4.1), weil eine geringe Konzentration der β-Glucuronidase (GUS) in transient transformierten Plastiden zu erwarten war (Spörlein et al., 1991; Koop et al., 1996). Aus dem gleichen Grund wurde der Nachweis der transienten GUS-Expression anfangs im Zellextrakt durchgeführt. Durch die Zugabe von DMSO während der Transformation wurden in allen Experimenten zwei- bis zehnfach höhere Werte als bei Versuchen ohne DSMO erreicht. Weiterhin wurde der von Jefferson et al. (1987) entwickelte fluorimetrische GUS-Assay nach Kosugi et al. (1990) modifiziert, indem 20 % Methanol (v/v) zum MUG-Puffer hinzugegeben wurde. Im Vergleich zum Assay von Jefferson et al. (1987) wurde mit Methanolzusatz eine Erhöhung der spezifischen GUS-Aktivität um den Faktor von 1,3 erreicht und gleichzeitig die endogene Aktivität von $0,7 \pm 0,4$ auf $0,05 \pm 0,05$ pmol MU * h^{-1} * μg^{-1} Protein stark verringert (Transformation mit Leervektor). Im Ergebnis konnte eine signifikante transiente GUS-Expression im Zellextrakt nachgewiesen werden, vermittelt vom Plastiden-Transformationsvektor pICF7312. Der maximal erhaltene Wert lag bei 21,8 pmol MU * h^{-1} * μg^{-1} Protein und war 400fach höher als die Kontrolle.

5.1.1 Analyse des Expressionsortes mittels Zellfraktionierung

Eine transiente Expression in Plastiden nach der Transformation mittels PEG wurde bisher nur in einer Arbeit gezeigt (Spörlein et al., 1991). Dafür wurden Protoplasten von *N. plumbaginifolia* mit dem Plastiden-Expressionsvektor pHHU3004 (Promotor des *x-gene*, Reportergen *uidA*) und als Negativkontrolle mit pUCNK1 transformiert. Als Positivkontrolle wurde ein Kern-Expressionsvektor mit einem Transitsignal für GUS in die Plastiden (pTP30) mitgeführt. Nach zwei Tagen Kultur wurden die Zellen geerntet und die GUS-Aktivität im fluorimetrischen Assay nach Jefferson et al. (1987) bestimmt. Die Lokalisation der GUS-Expression in den Plastiden wurde über eine Zellfraktionierung gezeigt, bei der im Plastidenextrakt der pHHU3004- und pTP30-Transformationen die gleiche GUS-Aktivität wie im Zellextrakt erhalten wurde. Eine weitere Bestätigung erfolgte durch einen Proteaseverdau der isolierten Organellen mit Thermolysin: die GUS-Aktivität wurde im Vergleich zu unbehandelten Plastiden nicht reduziert. Das gleiche Ergebnis wurde erhalten, wenn der Kern-Expressionsvektor pRT102gus transformiert wurde. Hier wurde 1 % der Gesamtaktivität (~3,2 pmol MU) in den isolierten Plastiden und in den zusätzlich mit Thermolysinbehandelten Plastiden ermittelt. Somit wurde auf eine relativ reine Plastidenfraktion geschlossen, die kaum von cytosolisch exprimiertem GUS kontaminiert war.

In der Arbeit von Spörlein et al. (1991) wurde allerdings nicht nachgewiesen, ob GUS von Thermolysin unter den gegebenen Bedingungen tatsächlich inaktiviert wird. Auffällig ist, dass im Vergleich zu unbehandelten Plastiden durch die Thermolysinbehandlung eine leicht höhere GUS-Aktivität erhalten wurde. Der wichtigste Kritikpunkt ist jedoch, dass in den pHHU3004- und pTP30-Plastidenextrakten die Werte der GUS-Aktivität nicht einmal das Doppelte der Negativkontrolle pUCNK1 erreichten. Dazu ist nur ein Experiment dargestellt, bei dem die endogene Aktivität nicht durch Methanol im MUG-Assay reduziert wurde. Gleichfalls wurde keine Standardabweichung der Negativkontrolle angegeben. Wie bei Spörlein et al. (1991) wurde auch in der vorliegenden Arbeit gezeigt, dass die Hintergrundaktivität im MUG-Assay ohne Methanolzusatz stark variiert: im Zellextrakt wurden durchschnittlich 0,7 pmol MU * h^{-1} * μg^{-1} Protein erhalten, mit Grenzwerten bei 0,4 bzw. 1,1 pmol MU * h^{-1} * μg^{-1} Protein (Transformation mit Leervektor). Die Hintergrundaktivität stieg außerdem bei einer Plastidenisolation auf rund 10 pmol MU * h^{-1} * μg^{-1} Protein an und wurde durch einen Thermolysinverdau der isolierten Plastiden weiter erhöht (Transformation ohne DNA, Daten nicht gezeigt). Der gezeigte Nachweis der GUS-Expression in Plastiden in der Arbeit von Spörlein et al. (1991) ist damit als nicht signifikant zu bewerten.

Im Gegensatz zur Arbeit von Spörlein et al. (1991), die mit dem Plastidenvektor pHHU3004 im Zellextrakt eine maximal sechsfach höhere GUS-Aktivität im Vergleich zur Negativkontrolle zeigte, konnten in der vorliegenden Arbeit mit pICF7312 wesentlich größere Unterschiede zur Kontrolle ermittelt werden, im Durchschnitt mit einem Faktor von 200. Trotz dieser Steigerung wurde keine GUS-Aktivität in den isolierten Plastiden von *N. tabacum* gemessen, wenn im Mannit-Medium kultivierte Zellen einen Tag nach der Transformation geerntet wurden (Abbildung 16, S. 77). In den elektronen- und fluoreszenzmikroskopischen Bildern ist zu erkennen (Abbildung 13, S. 72; Abbildung 21, S. 83), dass die Chloroplasten der protoplastierten Mesophyllzellen innerhalb von drei bzw. vier Tagen einer großen strukturellen Änderung unterliegen, welche eine Isolation intakter Plastiden unwahrscheinlich macht. In mehreren Arbeiten wurde gezeigt (z.B. Gigot et al., 1975; Thomas und Rose, 1983), dass sich Protoplasten während der Zellkultur relativ rasch zu meristematischen Zellen umwandeln und in diesem Prozess Chloroplasten zu Proplastiden dedifferenziert werden.

Während des ersten Tages nach der Isolation ist die synthetische Aktivität der Protoplasten jedoch reduziert und die Dedifferenzierung der Chloroplasten in den protoplastierten Mesophyllzellen zu Proplastiden setzt erst nach etwa einem Tag der Erholung ein. Gleichfalls beginnt die Ausbildung von Stromuli erst mit der Dedifferenzierung, wie in Abbildung 18 (S. 80) zu sehen ist (siehe dazu auch Köhler und Hanson, 2000). Die Stärkeakkumulation, die nach drei Tagen Kultur in F-PCN gezeigt wurde, sollte durch das Fehlen verwertbarer Kohlenstoffquellen im Mannit-Medium bei verkürzter Kulturdauer im Dunklen reduziert sein. Folglich müsste es bei einer Inkubationsdauer von einem Tag mit Mannit-Medium möglich sein, intakte Plastiden über ein Standardprotokoll der Chloroplastenisolation zu erhalten. Die im Zellextrakt deutlich messbare GUS-Aktivität scheint deshalb außerhalb der Plastiden lokalisiert gewesen zu sein. Das gleiche wurde in der Arbeit von Koop et al. (1996) angenommen, in der 10 Vektoren mit verschiedenen plastidenspezifischen Regulationselementen mittels PEG transient transformiert wurden. Hier wurde ebenfalls keine GUS-Aktivität in den isolierten Plastiden detektiert, obwohl diese in den Zellextrakten vorhanden war.

5.1.2 Weitere Methoden zum Nachweis des Expressionsortes

Mittels der PEG-Methode können jedoch offensichtlich Plastiden in Protoplasten transformiert werden, wie in dieser und zahlreichen anderen Arbeiten mit stabilen Plastomtransformanten gezeigt wurde (Golds et al., 1993; Koop et al., 1996; De Santis-Maciossek et al., 1999; Huang et al., 2002; Herz et al., 2005). Das schließt nicht aus, dass ein Vektor mit plastidenspezifischen Regulationselementen auch im Kern/ Cytosol transient exprimiert werden kann. So wurde in der Arbeit von Koop et al. (1996) postuliert, dass eine Kerntransformation mit plastidenspezifischen Vektoren ein generelles Phänomen bei Methoden des direkten Gentransfers (PEG, *particle gun*) ist. Daher ist es wahrscheinlich, dass zwar zum größten Teil die GUS-Expression in der vorliegenden Arbeit im Kern/ Cytosol stattfand, ein geringerer Teil, der unterhalb der Nachweisgrenze im fluorimetrischen Assay lag, dagegen in Plastiden exprimiert wurde. Ein Hinweis dafür ist die transiente Transformation des dsRED-Plastidenvektors, bei der in einer transformierten Zelle nach vier Tagen eine schwache cytosolische Fluoreszenz im dsRED-Filter gezeigt wurde, zusätzlich zum Fluoreszenzsignal innerhalb einer Plastide (Abbildung 19, S. 81). Dieses Ergebnis muss verifiziert werden, ein Artefakt bleibt hingegen auf Grund der relativ geringen Expressionsstärke und der Seltenheit des Transformationsereignisses schwer auszuschließen.

Eine weitere Möglichkeit, den Nachweis einer Plastidenlokalisation bei gleichzeitiger Quantifizierung der Expressionsrate zu erbringen, ist der Einsatz von plastidenspezifischen Expressionshemmstoffen, wie in der Arbeit von Inada et al. (1997) gezeigt wurde. Mit der biolistischen Methode wurden BY2-Tabak-Suspensionszellen mit dem Plastidenvektor pTRBCL-GUS transient transformiert und die Zellen anschließend mit Chloramphenicol inkubiert, einem Inhibitor der plastidären Proteinsynthese (Spencer, 1965). Auch hier ist ein geringer Teil an Kernexpression nicht auszuschließen, weil sich die GUS-Expression nicht hundertprozentig inhibieren ließ. Wie oben erläutert, wird in der vorliegenden Arbeit von einer sehr geringen GUS-Menge unterhalb der Detektionsgrenze ausgegangen, die in Plastiden exprimiert wurde. Für Hemmstoffexperimente müßte also zunächst dessen Konzentration erhöht werden.

Die bisher genannten Probleme des Lokalisationsnachweises werden vermieden, wenn isolierte Plastiden transformiert werden. To et al. (1996) isolierten Plastiden aus Spinat und transformierten diese mittels Elektroporation. In dieser Arbeit wurde eine GUS-Aktivität von 43 pmol MU $* h^{-1} * mg^{-1}$ Protein erhalten, vermittelt vom Plastiden-Expressionsvektor pHD203-GUS. Im Vergleich zur Kontrolle lagen die Werte nicht einmal zehnfach höher. Diese Differenz reicht für eine Evaluierung verschiedener Vektoren nicht aus. Ein neuer Weg könnte dagegen die Verwendung plastidenspezifischer Prozessierungssignale innerhalb des Reportergens sein, wie Intron- (Bock und Maliga, 1995) und

Edierungssignale (Chaudhuri et al., 1995) oder das Transsplicing von Proteinen mittels Inteinen (Chin et al., 2003). Durch die Prozessierung des Reportergens wird allerdings dessen Expressionsrate in stabilen Plastomtransformanten reduziert (Bock und Maliga, 1995; Chaudhuri et al., 1995; Brunner, 1997). Außerdem wurde für einige Intronsignale gezeigt, dass die Splicing-Effizienz in nicht photosynthetisch aktiven Plastiden (z.B. Proplastiden) gering ist (Barkan, 1989; McCullough et al., 1992; Liere und Link, 1994). Auch hier würde die Expression für eine Detektion also nicht ausreichen. Für alle diskutierten Methoden muss demnach die Konzentration des in Plastiden transient exprimierten Reporterproteins erhöht werden, um den Expressionsort eindeutig den Plastiden zuordnen zu können. Das könnte über die Steigerung der Transformationsrate, Expressionsrate und/ oder die Proteinstabilität erreicht werden.

5.1.3 Optimierung der Transformationsrate

Die in der vorliegenden Arbeit insgesamt erzielte, maximal 13fache Steigerung der spezifischen GUS-Aktivität im transienten System erscheint relativ gering im Vergleich zur Arbeit von Koop et al. (1996). Dort wurde durch eine Optimierung der PEG-Methode mit der transienten Transformation eines GUS-Kernexpressions-vektors die spezifische GUS-Aktivität um 10- bis 50fach erhöht. Betrachtet man die Ergebnisse der Fluoreszenzmikroskopie, bei dem der dsRED-Kernexpressionsvektor pGJ1425 nach dem optimierten Protokoll transformiert wurde, so wird ersichtlich, dass zumindest hinsichtlich der Anzahl der Zellen, welche die Fremd-DNA aufnehmen, keine wesentliche Steigerung mehr erreicht werden kann. Über 80 % der Zellen zeigten die rote Fluoreszenz von dsRED im Kern und Cytosol bereits einen Tag nach der Transformation. Bis heute ist indes unbekannt, wie mittels der PEG-Methode Plastiden transformiert werden, die von einer Doppelmembran umhüllt sind. Das Wissen darüber könnte einen neuen Ansatz zur Optimierung liefern, da die Aufnahme der DNA in die Zelle nicht unmittelbar auch zu einer Plastidentransformation führt.

Stringente Methoden zur Permeabilisierung der Membran, mit denen die DNA-Aufnahme in die Zelle forciert wird, erhöhen gleichzeitig die Toxizität für die Zellen. So lag die Überlebensrate einen Tag nach der Transformation bei 20 %, wenn die Zellen unter Zusatz von DMSO transformiert wurden. Eine Verbesserung der Zellkultur, in der die Zahl überlebender transformierter Zellen erhöht wird, würde also ebenfalls zu einer Steigerung der Transformationsrate führen. Dovzhenko et al. (1998) z.B. entwickelten ein sehr effizientes Protokoll, mit der aus Protoplasten bereits innerhalb von zwei Wochen erste Sprosse regeneriert werden konnten: Von 20 randomisierten Zellen bildeten 96 % nach sieben Tagen Kolonien. Einer der wesentlichen Faktoren dazu war die Einbettung der Protoplasten in eine dünne Schicht Alginat (*thin-alginate-layer technique*). Diese Technik wurde in der vorliegenden Arbeit getestet, scheiterte jedoch an der ineffizienten Zellernte: Für die Proteinextraktion wurden die Zellen zunächst aus dem Alginat mit einer 40 mM Natriumcitrat-Lösung herausgelöst und gewaschen. Durch die zusätzlichen Schritte waren die Verluste bei der relativ geringen Anzahl an Zellen zu groß, um ausreichende Mengen an Protein für die weiteren Untersuchungen zu erhalten.

Wurden die Protoplasten anstelle des Standardmediums F-PCN in Mannit-Medium kultiviert, so lag die Überlebensrate mit DMSO bei ca. 40 %, folglich doppelt so hoch im Vergleich zu F-PCN. In Bezug auf die spezifische GUS-Aktivität hingegen waren die Werte der F-PCN-kultivierten Zellen immer größer, mit einem Faktor von 1,1 bis 2,5 (Abbildung 15, S. 76). Im Mannit-Medium fehlen für *N. tabacum* gut verwertbare Kohlenstoffquellen, außerdem das Phytohormon Cytokinin. Exogenes Cytokinin verstärkt die Transkription vom Promotor des rRNA-Operons (Zubo et al., 2008) und durch die verfügbaren Kohlenstoffquellen in F-PCN steht den Zellen mehr Energie für die Synthese zur Verfügung. Es ist daher anzunehmen, dass die Transformationsrate in beiden Medien gleich war und die Werte der F-PCN-Proben auf einer höheren Expressionsrate von GUS in den transformierten Zellen beruhten.

5.1.4 Erhöhung der Expressionsrate

Im Vektor pICF7312 wurden Transkriptions- und Translationskontrollelemente verwendet, einschließlich dem Promotor *PrrnP1*, die bei stabilen transplastomen Pflanzen (Linie 361) zu einer hohen Expressionsrate von GUS mit max. 3,7 % vom gesamtlöslichen Proten (GLP) führen (Herz et al., 2005). Der verwendete Promotor, ein Derivat des plastidären *rRNA*-Operon-Promotors, ist jedoch nicht optimal für eine transiente Expression, betrachtet man folgenden Zusammenhang: Das Plastom in Landpflanzen wird von zwei RNA-Polymerasen transkribiert – der im Plastom kodierten RNA-Polymerase PEP (*plastid* encoded plastid RNA-polymerase) und der kernkodierten plastidären RNA-Polymerase NEP (nucleus encoded plastid RNA-polymerase) (Allison et al., 1996). Die Transkription von PrrnP1 wird von PEP initiiert (Svab und Maliga, 1993; Vera und Sugiura, 1995; Suzuki et al., 2003), die in nicht grünen Plastiden, u.a. den Proplastiden, kaum aktiv ist. Das dominierende Transkriptionsenzym ist stattdessen NEP (Hajdukiewicz et al., 1997; Baginsky et al., 2004).

Wie bereits erwähnt, findet eine Umwandlung der Chloroplasten in den protoplastierten Mesophyllzellen zu Proplastiden statt. Das Stadium der Proplastiden ist zwar am dritten bzw. vierten Tag, an dem die Zellen geerntet wurden, noch nicht vollständig erreicht. PEP allerdings ist bereits nach einem Tag der Zellkultur offenbar kaum noch aktiv, denn es konnte kein signifikanter Anstieg in der GUS-Konzentration nach einer längeren Kulturdauer ermittelt werden, obwohl das Enzym mit seiner relativ langen Halbwertszeit akkumuliert werden sollte (Jefferson et al., 1987). Andererseits befinden sich die Zellen nach der Protoplastierung zunächst in einem Schockzustand und die synthetische Aktivität ist innerhalb des ersten Tages reduziert (Gigot et al., 1975). Die Expressionsrate könnte also möglicherweise erhöht werden, wenn gleichzeitig zur Ausdehnung der Zellkultur die Transkription in Proplastiden dadurch ermöglicht würde, dass zusätzlich zum PrrnP1 ein NEP-Promotor verwendet wird, z.B. PrrnP2 des rRNA-Operon-Promotors (Vera und Sugiura, 1995).

Neben den Regulationselementen für die Expression spielt die proteolytische Stabilität des Zielproteins eine entscheidende Rolle. So wurde das in Chloroplasten sehr stabile Protein PlyGBS-Lysin in den Plastomtransformanten in einer Konzentration von 70 % vom gesamtlöslichen Protein (GLP) akkumuliert (Oey et al., 2008). Bei einem vorgegebenen Zielprotein lässt sich die Stabilität erhöhen, indem es mit einem weiteren, stabilen Protein fusioniert wird. Ye et al. (2001) erreichten mit GFP-CP4 (GFP-Fusion mit 5-Enolpyruvylshikimat-3-Phosphat-Synthase aus *Agrobacterium tumefaciens* Stamm CP4) eine 50fache Steigerung der CP4-Proteinmenge. Von Leelavathi und Reddy (2003) hingegen wurde GUS mit dem N-Terminus von Interferon-γ fusioniert, wodurch die Proteinmenge von 0,1 auf 6 % vom GLP stieg und die Halbwertszeit von sechs auf 48 Stunden erhöht wurde.

5.1.5 Ausblick

Während die Aufnahme der Fremd-DNA über die Plasmamembran in die Zelle bereits ausgereizt und der Mechanismus der PEG-vermittelten Plastiden-transformation unbekannt ist, bleiben noch die Steigerung der Expressionsrate und Proteinstabilität des transient in Plastiden exprimierten Proteins, um dessen Konzentration für eine Detektion zu erhöhen. Die Verwendung eines NEP-Promotors bei ausgedehnter Zellkultur könnte möglicherweise zur Erhöhung der Expressionsrate führen. Die Proteinstabilität von GUS lässt sich mit einer Fusion, z.B. mit dem N-Terminus von Interferon-γ steigern. Als Reporterprotein könnte auch das sehr stabile PlyGBS-Lysin eingesetzt werden. Den anschließenden Nachweis des Expressionsortes mit dem Einsatz plastidenspezifischer Prozessierungssignale zu führen, ist wahrscheinlich am aussichtsreichsten, weil hier eine hohe Spezifität zu erwarten ist, im Gegensatz zu den Hemmstoff-Experimenten von Inada et al (1997). Die Elektroporation isolierter Plastiden nach To et al. (1996) mit der zudem geringen GUS-Expression ist dagegen sehr diffizil. Bisher gibt es nur eine weitere Arbeit, welche diese Technik verwendet (Lugo et al., 2004). Eine Aufreinigung der Plastiden ist bei der Verwendung von Zellkulturen nicht geeignet. Auf Grund der Dedifferenzierung zu Proplastiden mit dem Einhergehen von Stärkeanreicherung und Ausbildung komplexer Stromuli ist es wenig erfolgversprechend, diese intakt zu isolieren.

5.2 Das *lux*-Regulon als Induktionssystem in Plastiden

Für die Entwicklung eines neuen Induktionssystems plastidärer Transgene in *Nicotiana tabacum* wurden Komponenten des *quorum sensing* genutzt. In Bakterien basiert diese Autoregulation darauf, dass ein innerhalb der Zelle produziertes Signalmolekül in die Umgebung diffundiert und nach Erreichen eines Schwellenwertes die Transkription spezifischer Gene innerhalb der Population aktiviert. Ein Modellsystem für das *quorum sensing* ist das *lux*-Regulon in *Vibrio fischeri*, ein Meeresbakterium, dass in mehreren Fischarten und Kalmaren das Lichtorgan besiedelt (z.B. Review Waters und Bassler, 2005). Von dieser Art wurden die für die Induktion essentiellen Elemente übernommen: der artspezifische Induktor *N*-(3-Oxohexanoyl)-L-Homoserin-Lacton (*Vf*HSL), dessen Rezeptorprotein LuxR und die Sequenz der *lux*-Box, an die der Komplex aus *Vf*HSL und LuxR bindet und die Transkription *in vivo* vom *PluxI*-Promotor aktiviert.

Insgesamt wurden vier verschiedene Induktionspromotoren mit *uidA* (β-Glucuronidase – GUS) als Reportergen in stabilen Plastomtransformanten getestet (Abbildung 22, S. 86; Abbildung 23, S. 88). Bis auf Linie D1 waren alle Transformanten steril und die nach Rückkreuzung mit Wildtyp-Pollen erhaltenen Samen zeigten eine verzögerte Keimung. Wegen der Divergenz von D1 ist anzunehmen, dass der Defekt nicht durch die Induktionskassette verursacht wurde, sondern durch die relativ lange, vier bis acht Monate dauernde Gewebekultur. Bei Pflanzen, die aus Zell-/ Gewebekulturen regeneriert werden, sind häufig abnormale Morphologien und eine Störung in der Fertilität zu beobachten (Takebe et al., 1971). Weiterhin wurden bei *Arabidopsis*-Transformanten, die im Nukleus ein zum *lux*-Regulon homologes Induktionssystem von *Agrobacterium tumefaciens* enthielten, keine phänotypischen Abweichungen vom Wildtyp in allen Entwicklungsstadien und über mehrere Generationen beobachtet (You et al., 2006).

Die höchste GUS-Konzentration wurde in Linie A mit maximal 0,28 % vom gesamtlöslichen Protein (GLP) nach Induktion erzielt. Diese Linie enthielt die nativen *V. fischeri*-Promotoren: den konstitutiven *PluxR* zur Transkription von *luxR* und den induzierbaren *PluxI* einschließlich der *lux*-Box für die Kontrolle von *uidA*. Die Linien B, C und D wurden mit chimären induzierbaren Promotoren transformiert, in denen diverse Elemente der *lux*-Promotoren mit einem inaktiven *PrbcL*-Derivat fusioniert waren. Diese ergaben um ein bis drei Größenordnungen niedrigere Werte. Mit der Zugabe von *Vf*HSL sollte die GUS-Expression induziert werden können, der Anstieg der GUS-Konzentration fiel jedoch in allen Linien gering aus. Eine leichte Steigerung wurde bei den Gewächshaus-Kulturen A, B und D ermittelt, mit der größten Induktionsrate von Faktor drei in Linie D. Bei den *in vitro* angezogenen Transformanten B, C und D fand teilweise sogar eine leichte Reduktion statt.

5.2.1 Integration der Induktionskassette

Der korrekte Integrationsort und die Homoplasmie der transformierten Induktionskassetten wurden mit einer nicht radioaktiven Southern-Analyse dokumentiert. Es kann damit nicht ausgeschlossen werden, dass noch eine geringe Anzahl an Wildtyp-Kopien vorhanden war, die mit sensitiveren Methoden eventuell nachgewiesen werden könnten, wie z.B. bei De Santis-Maciossek et al. (1999) mit einer quantitativen PCR gezeigt wurde. Zum Prüfen der Induzierbarkeit war eine vollständige Homoplasmie allerdings nicht erforderlich, denn die Induktionsrate sollte unabhängig von der transgenen Kopienzahl sein. In der Southern-Analyse wurden Fragmente der erwarteten Größe von 11 kb (Wildtyp 7 kb) detektiert, die auf den gewünschten Integrationsort zwischen *trnV* und *rps12* im Plastom schließen lassen (Abbildung 28, S. 98). Zusätzlich dazu ist in allen transgenen Linien eine schwächere Bande bei ca. 18 kb zu erkennen.

Durch die Transformation der jeweiligen Induktionskassetten in die *inverted repeats* (*IR*) entstehen im Plastom direkte Sequenzwiederholungen, die zu einer intramolekularen Rekombination führen können mit anschließender Deletion der sich dazwischen befindenden Bereiche (Svab und Maliga, 1993; Eibl et al., 1999; Rogalski et al., 2006). Neben der erwähnten Rekombinationsmöglichkeit zwischen den homologen Sequenzen von *Trpl32* (290 bp), welche die Detektion eines 18,2 kb großen Fragmentes ergeben würde (Abbildung 29, S. 99), sind weitere duplizierte Sequenzen in den Linien B, C und D vorhanden: *PrrnP1* mit 90 bp und 13 bp des *PrbcL*-Derivats. Während letzteres für eine Rekombination wahrscheinlich zu kurz ist, entsteht bei der *in silico* durchgeführten DNA-Deletion zwischen den *PrrnP1*-Sequenzen, bei der ein Bereich von ca. 41 kb entfernt wurde, ein Fragment von 17,3 kb, das ebenfalls mit der Sonde hybridisieren könnte. Nach Iamtham und Day (2000) erfolgen multiple Rekombinationen, bis alle direkten Sequenzwiederholungen im Plastom entfernt sind. Denkbar wäre also auch eine Rekombination zunächst zwischen den *Trpl32*- und danach zwischen den *PrrnP1*-Wiederholungen, die letztendlich zum gleichen Fragment von 17,3 kb führen.

Bei allen diskutierten intramolekularen Rekombinationsmöglichkeiten bleibt jedoch in mindestens einem *IR* eine intakte Kopie der Induktionskassette erhalten. Es ist zudem unwahrscheinlich, in Anbetracht der Größe der Bereiche, die dadurch entfernt würden, dass das defekte Transplastom überhandnehmen bzw. sogar homoplastomischen Status erreichen könnte (Svab und Maliga, 1993). In der Arbeit von Zou (2001) z.B. wurde bei einer Plastom-Deletion von ca. 10 kb berichtet, dass sich ein dynamisches Gleichgewicht zwischen dem ursprünglichen Transplastom und dem zusätzlich intramolekular rekombinierten Transplastom einstellte, wobei letzteres 5 % der Transplastomkopien ausmachte. Das entspricht in etwa dem Verhältnis der detektierten Banden in Abbildung 28 c (S. 98).

Um die Instabilität des Plastoms zu verringern, kann auf die Verwendung von *PrrnP1* im Transformationsvektor verzichtet werden, indem das Operon *luxR-aadA* promotorlos unter einen endogenen Promotor integriert wird, wie in der Arbeit von Herz et al. (2005) gezeigt wurde. Mit dem „*operon extension transformation vector*" und derselben 5'-UTR T7G10 und *uidA* als Reportergen wurde außerdem eine höhere Expressionsrate erzielt, als bei Transformanten mit der Expressionskassette unter der Kontrolle von *PrrnP1*. Die 3'-UTR *Trpl32* von *N. tabacum* kann hingegen durch eine artfremde Sequenz ersetzt werden. So benutzten Reddy et al. (2002) die 5'- und 3'-UTR von *psbA* aus Reis und erhielten damit eine relativ hohe Expression des Zielproteins von 3 % vom GLP in Tabak, ohne dass intramolekulare Rekombinationen beobachtet wurden.

5.2.2 GUS-Expression im nicht induzierten Zustand

Der Promotor *PluxI* besitzt in *V. fischeri* eine schwache konstitutive Aktivität im nicht induzierten Zustand, so dass eine geringe Menge an LuxI, der Homoserin-Lacton-Synthase exprimiert wird, die letztendlich zur Akkumulation von *Vf*HSL führt (Engebrecht und Silverman, 1987; Devine et al., 1989). Es war daher zu erwarten, dass gleichfalls in Linie A mit diesem Promotor eine Grundexpression von GUS stattfindet. Die durchschnittliche GUS-Konzentration von 0,17 und 0,14 % vom GLP der *in vitro*- bzw. Gewächshaus-Kultur stellen sogar die höchsten Werte von allen Transformanten dar. Im Gegensatz dazu stehen die Ergebnisse von Mühlbauer und Koop (2005), die den nativen induzierbaren Promotor *PlacI* des *lac*-Operons aus *Escherichia coli* in Tabakplastiden testeten. In den transplastomen Pflanzen wurde keine Expression des grün fluoreszierenden Reporterproteins GFP detektiert, auch nicht nach einer Induktion des *lacI*-Promotors mit Isopropyl-β-Thiogalactopyranosid (IPTG). Entweder wurde der Promotor von den plastidären RNA-Polymerasen (RNAP) nicht erkannt oder die Aktivität von *PlacI* war in Plastiden für eine detektierbare GFP-Expression zu schwach. Es kann also nicht generell vorausgesetzt werden, dass bakterielle Promotoren in Plastiden funktionieren.

In den Linien B, C und D wurden Vektoren mit einem *PrbcL*-Derivat transformiert, in dem die −35- und die −10-Box fehlen. Zum *rbcL*-Promotor aus Gerste führten Kim et al. (1999) *in vitro*-Transkriptionsstudien mit Plastidenextrakten durch. Bereits bei der Mutation einer

Box wurde kaum noch mRNA detektiert. Es wurde deshalb davon ausgegangen, dass das verwendete *PrbcL*-Derivat komplett inaktiv ist. Trotzdem ist in allen Transformanten eine signifikante GUS-Aktivität im nicht induzierten Zustand messbar, auch wenn die Werte 10- bis 100fach geringer ausfallen als in Linie A. In Plastiden besteht eine generelle Tendenz der RNA-Polymerasen, trotz Terminatoren fortfahrend die DNA zu transkribieren (*read through transcription*). So dienen die 3'-UTR-Elemente von Genen eher der Stabilisierung und Prozessierung der mRNA als dem Beenden der Transkription (Stern und Gruissem, 1987; Hayes et al., 1996). Aus diesem Grund wurde die jeweilige Induktionskassette zwischen *trnV* und dem *rps12/7*-Operon im Plastom integriert, die von der Induktionskassette wegweisend abgelesen werden (Tohdoh et al., 1981; Koller et al., 1987; Hildebrand et al., 1988). Innerhalb dieser Region gibt es einzig bei Tabak noch zwei sich überlappende offene Leserahmen, *orf70B* und *orf131*, mit jeweils entgegengesetzter Orientierung (Shinozaki et al., 1986; Shimada und Sugiura, 1991). DNA-abwärts von *orf131* befindet sich die Induktionskassette, welche mit der 3'-UTR des *luxR-aadA*-Operons anfängt (Abbildung 28 b, S. 98).

Die Expression von GUS, das hinter diesem Operon in gleicher Orientierung wie *orf131* kodiert ist, erfolgt demnach möglicherweise durch eine nicht beendete Transkription ausgehend vom endogenen *orf131*-Promotor. Zoubenko et al. (1994) detektierten zwar keine mRNA, wenn *uidA* ohne Promotor zwischen *trnV* und *orf70B* integriert war und dessen Orientierung entgegen *orf70B* lief. Mühlbauer und Koop (2005) dagegen, die wie in der vorliegenden Arbeit die Insertionsstelle zwischen *orf131* und *rps12* nutzten, wiesen die Bildung einer mRNA nach, die anhand der Größe von einer durchgehenden Transkription von *orf131* stammen könnte. Vor allem die kernkodierte plastidäre RNA-Polymerase (NEP) produziert sehr lange Pseudotranskripte, die das gesamte Plastom umfassen können. Das wurde in Δ*rpo*-Mutanten gezeigt, in denen die plastidenkodierte plastidäre RNAP (PEP) fehlt (Krause et al., 2000; Legen et al., 2002). Die höhere GUS-Expression der Transformanten, vier Wochen *in vitro* angezogen, im Vergleich zu den bei der Probenentnahme doppelt so alten im Gewächshaus, deutet auf eine NEP-Aktivität hin. Obwohl beide RNA-Polymerasen während der gesamten pflanzlichen Entwicklung in Plastiden aktiv sind, spielt NEP in reifen Blättern ein geringere Rolle als PEP (Cahoon et al., 2004; Zoschke et al., 2007).

Eine Transkription unabhängig vom transformierten Induktionspromotor erklärt jedoch nicht, warum die GUS-Expression von Linie B über C zu D ansteigt, mit zunehmender Länge des chimären Promotors (*PrbcL*-Derivat fusioniert mit: Linie B eine *lux*-Box < C vier *lux*-Boxen < D eine *lux*-Box und der *luxR*-Promotor in entgegengesetzter Orientierung zu *uidA*). Ein Grund dafür könnte sein, dass sich zufällig innerhalb der verwendeten Komponenten Promotorelemente akkumuliert haben. So gibt es z.B. im *PluxR*, wohlgemerkt in Richtung zu *uidA*, hexamerische Konsensus-Sequenzen der eubakteriellen σ^{70}-Typ-Promotoren (PEP-Promotoren): eine Sequenz der -35-Box „TTGACA", -77 bp von der *lux*-Box entfernt und eine gleich der -10-Box aus dem nativen *PrbcL*, „TACAAT", -22 bp stromaufwärts der *lux*-Box. Diese Sequenzen wurden in den Promotorstudien zum *lux*-Regulon nicht benannt (Engebrecht und Silverman, 1987; Devine et al., 1988; Shadel et al., 1990). Es bleibt daher offen, ob sie funktionell sind, von der PEP also tatsächlich erkannt werden. Ein Hinweis auf eine PEP-Aktivität ist, dass in *E. coli*, mit den Vektoren pSB A, B, C bzw. D transformiert, die gleiche Reihenfolge in der GUS-Expressionshöhe erhalten wurde (Daten nicht gezeigt). Die *E. coli*-RNAP ist in der Lage, akkurat die Transkription von plastidären PEP-Promotoren zu initiieren (z.B. Gatenby et al., 1981; Boyer und Mullet, 1986; Eisermann et al., 1990).

5.2.3 Eigenschaften des Homoserin-Lactons von *Vibrio fischeri*

In Linie A wurde die höchste GUS-Expression im Vergleich zu den anderen Transformanten erhalten, anscheinend wird demnach der induzierbare *V. fischeri*-Promotor *PluxI* von den plastidären RNA-Polymerasen erkannt. Trotzdem liegt die Induktionsrate unter dem Faktor zwei. Im Gegensatz dazu wird in transgenen *E. coli*, die das vollständige *lux*-Regulon (*luxR, luxICDABEG*) enthalten, nach Zugabe von 400 nM *Vf*HSL eine Steigerung der Expression von 10^7fach innerhalb weniger Stunden erreicht (Thomas und van Tilburg, 2000). Eine Erklärung für die kaum messbare Induktion in Pflanzen wäre, dass das Signalmolekül nicht in ausreichenden Mengen bis zum Wirkungsort in den Plastiden gelangt.

Eine Diffusionsbarriere für das *Vf*HSL in Pflanzen kann ausgeschlossen werden. So wurde nicht nur in Bakterien die passive Diffusion des Signalmoleküls gezeigt (Kaplan und Greenberg, 1985), sondern auch in Tabak-Plastiden (Fray et al., 1999; Mäe et al., 2001).

Ebenfalls sollte die eingesetzte Menge von 1 mM VfHSL für eine Induktion ausreichen, in Anbetracht der nanomolaren Mengen, die bei den rekombinanten E. coli verwendet werden (Thomas und van Tilburg, 2000). Weiterhin wurde bei You et al. (2006) mit 1 mM 3-Oxooctanyl-L-Homoserin-Lacton (AtHSL), dem Induktor für das *quorum sensing*-System von Agrobakterien, eine maximal 16fache Induktion in transgenen *Arabidopsis thaliana*-Keimlingen erzielt. Diese Transformanten enthielten das Gen der Luziferase unter der Kontrolle eines chimären Kernpromotors, der durch das Rezeptor-/ Aktivator-Protein TraR aktiviert wird. Bereits mit 0,1 mM AtHSL wurde eine fünffache Steigerung der Luziferase-Aktivität erhalten. Analog dazu verwendeten Mühlbauer und Koop (2005) 1 mM IPTG zur Induktion der chimären *lac*-Promotoren in transplastomen Tabak.

Kritisch indessen könnte die Stabilität von Homoserin-Lactonen sein: in Wasser und verstärkt unter alkalischen Bedingungen kann es zur Hydrolyse des Lactons kommen (Eberhard und Schineller, 2000; Schäfer et al., 2000). Ebenfalls steigt die abiotische Degradation mit Zunahme der Temperatur (Delalande et al., 2005; Götz et al., 2007). Die VfHSL-Lösung wurde nach Götz et al. (2007) hergestellt, die einen sehr geringen Verlust von weniger als 10 % nach 17 Tagen im pflanzlichen Mineralmedium (pH 5,7) feststellten, gemessen mit UPLC (*ultra-performance liquid chromatography*). Die Temperaturen während der Inkubation lagen bei 15 und 20°C. Bei 20°C wurde die HSL-Anfangskonzentration nach 17 Tagen bereits um 30 % reduziert. In der vorliegenden Arbeit wurde 25°C für die Kultur der Tabakpflanzen verwendet, die Inkubation mit VfHSL erfolgte jedoch nur einen Tag lang.

5.2.4 Aktivität von LuxR und dessen Promotor *PluxR*

Nach Urbanowski et al. (2004) muss bei transgenen, LuxR-überexprimierenden *E. coli* bereits während der Proteinsynthese VfHSL anwesend sein, damit ein aktives Enzym isoliert werden kann. Dessen Stabilität wird außerdem durch ein bakterielles Chaperon, GroEL, erhöht (Adar et al., 1992; Dolan und Greenberg, 1992; Adar und Ulitzur, 1993; Hanzelka und Greenberg, 1995). In Plastiden existiert zwar ein homologes Protein (Hill et al., 2004), ob es die gleiche Funktion bei LuxR erfüllt, ist aber unbekannt. Es besteht demzufolge die Möglichkeit, dass in den transgenen Tabak-Linien kein aktiver HSL-

Rezeptor synthetisiert wurde. Dagegen spricht die, wenn auch geringe Induktion in Linie A und den im Gewächshaus angezogenen Linien B und D.

Die nach *Vf*HSL-Inkubation leicht reprimierte GUS-Expression bei den *in vitro*-Kulturen der Linien B, C und D (Abbildung 30, S. 102) weist ebenfalls auf ein aktives LuxR hin. Wie in Kapitel 5.2.2 diskutiert, scheint *uidA* im nicht induzierten Zustand verstärkt von endogenen oder zufällig in der Induktionskassette enthaltenen Promotoren transkribiert zu werden. Das bedeutet, nach Zugabe von *Vf*HSL sollte ein funktionelles LuxR als *Vf*HSL-LuxR-Komplex an die *lux*-Box binden und dadurch die Transkription von einer stromaufwärts gelegenen RNAP-Bindestelle hemmen (siehe z.B. Egland und Greenberg, 2000). Anhand der erhaltenen Daten lässt sich allerdings nicht eindeutig auf eine Repression schließen. GUS besitzt eine relativ lange Halbwertszeit von 50 Stunden in Mesophyllzellen (Jefferson et al., 1987), weshalb die *Vf*HSL-Inkubationsdauer der Blattproben erhöht werden sollte, um eine deutliche Differenz sichtbar machen zu können. Die niedrige Induktion bzw. Repression der GUS-Expression deuten aber darauf hin, dass aktives LuxR nur in sehr geringen Mengen vorlag. Möglicherweise handelt es sich dabei um die Mengen, die innerhalb der 24stündigen Inkubationszeit mit *Vf*HSL synthetisiert wurden.

Zusätzlich ist in Linie A der native *PluxR* eventuell in Plastiden zu schwach für eine ausreichende LuxR-Expression. Da *aadA* im Operon hinter *luxR* kloniert ist, würde das die doppelt so lange Regenerationszeit auf Selektionsmedium im Vergleich zu den anderen Linien erklären (Daten nicht gezeigt). Hinzu kommt, dass in *V. fischeri* eine dem *quorum sensing* übergeordnete Kontrolle durch zyklisches Adenosin-3',5'-Monophosphat (cAMP) und das cAMP-Rezeptorprotein (CRP) besteht, die für die Aktivierung von *PluxR* benötigt werden (Dunlap, 1989). Die Existenz von cAMP in Pflanzen wurde zwar gezeigt, indessen sind die Komponenten der Signaltransduktion bisher weitgehend unbekannt (Reviews Newton und Smith, 2004; Martinez-Atienza et al., 2007). Weitere Faktoren für eine Induktion scheinen hingegen nicht notwendig zu sein. So reicht der *Vf*HSL-LuxR-Komplex aus, um von *PluxI* die Transkription *in vitro* mittels einer aufgereinigten bakteriellen RNAP zu aktivieren (Stevens und Greenberg, 1997).

5.2.5 Kontrollmöglichkeiten der Expression im Grundzustand

Die Expression rekombinanter Proteine kann zu negativen Effekten bei den transgenen Pflanzen führen. Um diese vermeiden zu können, ist eine stringente Kontrolle notwendig, mit einer möglichst niedrigen Expression im nicht induzierten Zustand. Auch bei Produktionen im Industriemaßstab ist für die biologische Sicherheit eine Expression erst zum gewünschten Zeitpunkt, also nach der Induktion, erstrebenswert. Die Expressionsrate im Grundzustand lag beim nativen *V. fischeri*-Promotor *PluxI* am höchsten. Mit Verwendung der chimären Induktionspromotoren, die mit dem inaktivierten *PrbcL*-Derivat fusioniert waren, konnte die basale Expression stark gesenkt werden. Die größte, etwa 600fache Reduktion wurde bei Linie B (eine *lux*-Box fusioniert mit dem *PrbcL*-Derivat) erhalten.

Wie in mehreren Arbeiten gezeigt wurde, liegt bei der Promotorkontrolle das Problem im *read through* durch die plastidären RNA-Polymerasen, welches unabhängig von den verwendeten cis-Elementen stattfindet (Liere und Link, 1994; Krause et al., 2000; Legen et al., 2002; Lössl et al., 2005; Mühlbauer und Koop, 2005). Das bedeutet, selbst wenn das Transgen ohne Promotor ins Plastom integriert würde, ist mit einer geringen Expression zu rechnen. Anhand dieser Tatsache ist eine zusätzliche Kontrolle des *lux*-Induktionssystems auf posttranskriptioneller Ebene notwendig, um eine Expression im nicht induzierten Zustand zu inhibieren. Ein Weg dazu wurde in der Arbeit von Tungsuchat et al. (2006) dargelegt: Hier wurde *gfp* ohne Start-Codon kloniert. Der translatierbare offene Leserahmen wurde anschließend durch die CRE-Rekombinase-vermittelte Exzision einer blockierenden Sequenz erhalten. Nachteil dieser Methode ist, dass einerseits eine weitere Transformation des Kerns zur Expression der CRE-Rekombinase benötigt wird und andererseits die Induktion nicht mehr reversibel ist. Eine andere Möglichkeit besteht in der Verwendung regulierender RNA-Moleküle, welche die Translation hemmen oder aktivieren können, wie es z.B. von Isaacs et al. (2004) in *E. coli* gezeigt wurde.

5.2.6 Evaluation des *lux*-Induktionssystems

Ungeachtet der GUS-Expression im nicht induzierten Zustand wurde bei allen Linien maximal nur eine zwei- bis dreifache Induktionsrate erhalten, selbst bei Linie A mit dem nicht modifizierten *PluxI*-Promotor. Die Ursache dafür ist wahrscheinlich in einer sehr geringen Menge an aktivem LuxR zu suchen. Das kann an einer niedrigen Transkriptionsrate liegen, wie in Linie A zu vermuten ist. Falls sich das nach einer Analyse der Transkriptmengen (Nothern-Analyse) bestätigen lässt, könnte statt *PluxR*, unter dessen Kontrolle *luxR* und *aadA* standen, ein starker plastidärer Promotor wie *PrrnP1* eingesetzt werden. Anderseits könnte das *luxR-aadA*-Operon bei allen Linien auch promotorlos unter die Kontrolle eines endogenen Promotors integriert werden, womit sich gleichfalls die intramolekularen Rekombinationsmöglichkeiten reduzieren ließen (Herz et al., 2005). In den Linien B, C und D hingegen sollte die *luxR*-Transkriptionsrate vom stark konstitutiven Promotor *PrrnP1* ausreichend hoch sein. Hier würden sich die Ergebnisse damit erklären lassen, dass LuxR eventuell nicht in seiner aktiven Form exprimiert wird, wenn *Vf*HSL bei dessen Synthese fehlt. Weiterhin erfolgt möglicherweise keine korrekte Faltung durch das pflanzliche Chaperon GroEL (siehe Kapitel 5.2.4). Das gleiche gilt für Linie A.

Wie bei der Überexpression von LuxR in rekombinanten *E. coli* wurde beim LuxR-homologen Protein TraR in *A. tumefaciens* festgestellt, dass ein aktives Enzym nur isoliert werden kann, wenn der spezifsche Induktor während der Proteinsynthese vorhanden ist. Untersucht wurde ein Agrobakteriumstamm, in dem *traR* vom konstitutiven *Plac*-Promotor transkribiert wird und das Gen für die *At*HSL-Synthase *traI* fehlt. TraR konnte nur detektiert werden, wenn *At*HSL extern zugegeben wurde. Anscheinend hatte der Induktor großen Einfluss auf die Stabilität des Proteins, wobei die mRNA-Menge dadurch nicht beeinflusst wurde (Zhu und Winans, 1999). Möglicherweise erzielten deshalb auch You et al. (2006) lediglich eine maximal 16fache Induktionsrate in transgenen Arabidopsis-Pflanzen, ermittelt 24 Stunden nach Zugabe von 1 mM *At*HSL. In diesen Transformanten wurde zur Kontrolle von Transgenen im Kern das *quorum sensing*-Regulationssystem von *A. tumefaciens* verwendet.

Bei der Arbeit von You et al. (2006) wäre ebenfalls zu klären, ob das Signalmolekül in seiner aktiven Form in ausreichenden Mengen zum Zielort gelangt. In Agrobakterium aktiviert TraR die Expression bereits bei einer *At*HSL-Konzentration von 0,1 nM und erreicht die Sättigungsphase bei 100 nM (Zhang et al., 1993). Im Gegensatz dazu wurde in den transgenen Pflanzen selbst bei der sehr hohen Konzentration von 10 mM *At*HSL noch eine Steigerung der Reportergen-Expression um das Doppelte (30fache Induktionsrate) in Bezug zur Induktion mit 1 mM *At*HSL detektiert. Interessant ist, dass die

Aktivität des minimalen 35S-Promotors (aus dem cauliflower mosaic virus) allein mit der Fusionierung von drei tra*I*-Boxen (Binderegion von TraR-*At*HSL) um das 14fache in transient transformierten Karottenprotoplasten erhöht wurde, in Abwesenheit des Aktivators TraR und des Induktors. Offenbar findet auch im Kern eine unspezifische Erkennung durch eine RNAP statt. Eine Reduktion der Grundaktivität des chimären Induktionspromotors konnte allerdings durch systematisches Mutieren der Palindromsequenz der tra*I*-Box erzielt werden.

Die LuxR-Aktivität lässt sich z.b. mittels einem *gel shift*-Assay überprüfen, bei dem gezeigt werden kann, ob LuxR in Anwesenheit von *Vf*HSL an die *lux*-Box bindet oder nicht (Urbanowski et al., 2004). Ebenfalls kann mit der Zugabe von geringen *Vf*HSL-Konzentrationen bei der Pflanzenanzucht, also schon vor der eigentlichen Induktion, getestet werden, ob dadurch die Enzymaktivität und somit die Induktionsrate erhöht wird. Dazu könnte auch eine weitere Transformation der transplastomen Linien mit dem GroEL-Gen von *E. coli* oder *V. fischeri* beitragen. Sollte sich bestätigen, dass der entscheidende Punkt die erforderliche Anwesenheit des Signalmoleküls bei der LuxR-Synthese ist, um eine nennenswerte induzierte Expression zu erhalten, wäre damit eine stringente Kontrolle des Induktionssystems nicht zu erreichen. Durch den zusätzlichen Aufwand würde gleichzeitig eine praktische Anwendung erschwert werden. So müßten u.a. in der Pflanzenkultur die optimalen Bedingungen für die Stabilität von *Vf*HSL eingestellt werden, im Besonderen der pH-Wert und die Temperatur.

Ein weiterer Nachteil des *lux*-Induktionssystems ergibt sich aus der Ubiquität von Homoserin-Lactonen im Bakterienreich, weshalb sich unter nicht sterilen Anzuchtsbedingungen vielfältige Wechselwirkungen ergeben können - trotz des von Landpflanzen weit entfernten Lebensraums von *V. fischeri*. Eine Vielzahl an Pflanzenpathogenen, Bodenbakterien und sogar einige Pflanzenarten sind z.B. in der Lage, Homoserin-Lactone abzubauen (z.B. Leadbetter und Greenberg, 2000; Dong et al., 2001; Lin et al., 2003; Uroz et al., 2003; Delalande et al., 2005). Tabak besitzt diese Fähigkeit hingegen nicht (Fray et al., 1999; Mäe et al., 2001). Hinzu kommt, obwohl die Signalmoleküle der *quorum sensing*-Systeme artspezifisch sind, dass das Pflanzenpathogen *Erwinia carotovora* das gleiche HSL wie *V. fischeri* synthetisiert (Bainton et al., 1992). Das bedeutet, eine unspezifische Induktion des transgenen Proteins bei Anzucht im Gewächshaus oder Feld kann nicht ausgeschlossen werden. Bei *Vf*HSL-

Applikation wird dafür als positiver Nebeneffekt eine höhere Resistenz der Tabakpflanzen gegen das Pathogen erlangt (Mäe et al., 2001).

Fazit: Mit dem in dieser Arbeit entwickelten Induktionssystem ist die Expression eines Transgens nicht kontrollierbar. Es ist weiterhin davon auszugehen, dass es nicht erfolgreich modifiziert werden kann. Anscheinend wird kein funktionelles LuxR in Abwesenheit von *Vf*HSL exprimiert und die LuxR-Syntheserate in Plastiden während der Inkubationszeit mit dem Signalmolekül reicht nicht aus, um zu einer nennenswerten Induktion zu führen. Zusätzlich ist das *lux*-Regulationssystem für eine Anwendung außerhalb steriler Anzuchtsbedingungen auf Grund der oben genannten vielfältigen Wechselwirkungen mit anderen Bakterien und Organismen nicht geeignet.

5.2.7 Ausblick

Die bislang erzielten Induktionsraten transgener plastidärer Regulationssysteme (Lössl et al., 2005; Mühlbauer und Koop, 2005; Kato et al., 2007) sind im Vergleich zu Kerninduktionssystemen, die bis zu 1000fache Induktionsraten erreichen können (Review Moore et al., 2006), deutlich niedriger. Werden jedoch die absoluten Werte der insgesamt erreichten Proteinkonzentration betrachtet, schneiden Plastomtransformanten wesentlich besser ab. In Linie A wurde z.B. eine maximale GUS-Konzentration von 0,28 % vom GLP bzw. 33 nmol MU $* h^{-1} * \mu g^{-1}$ Protein ermittelt. Mit dem konstitutiven 35S-Promotor können maximal 30 nmol MU $* h^{-1} * \mu g^{-1}$ Protein erhalten werden und es gibt bisher nur eine Arbeit, die diesen Wert mit einem induzierbaren Promotor im Kern übertrifft (Review Moore et al., 2006). Lediglich Craft et al. (2005) erreichten mit dem artifiziellen „pOp-/ LhG4-Transkriptionsfaktor-System", das durch Dexamethason induziert wird, ca. 3000 nmol MU $* h^{-1} * \mu g^{-1}$ Protein. Der Nachteil dieses Induktionssystems ist, dass es sich bei Dexamethason um ein hochwirksames Medikament mit langer Halbwertszeit handelt (Pschyrembel, 2007, www.sigmaaldrich.com). Für eine Applikation außerhalb des Gewächshauses ist es daher nicht geeignet.

In der Arbeit von Oey et al. (2008) wird deutlich, dass Plastiden das Potential zu einer außerordentlich hohen Produktion von rekombinanten Proteinen haben. Unter der Kontrolle des konstitutiven *PrrnP1* und der T7G10-5'-UTR wurde die bisher höchste Konzentration eines Zielproteins von über 70 % vom GLP erhalten. Trotz dieser massiven

Belastung des Stoffwechsels zeigten die Pflanzen zwar ein verzögertes Wachstum und enthielten weniger Chlorophyll, ansonsten entwickelten sie sich normal und produzierten fertile Samen. Obwohl die bisher erzielten Ausbeuten der verschiedenen plastidären Induktionssysteme ausnahmslos unter denen von konstitutiven Promotoren liegen, zeigt die Arbeit von Craft et al. (2005), dass der Einsatz artifizieller Regulationselemente erfolgreich sein kann und damit sogar höhere Expressionsraten im Vergleich zu konstitutiven Promotoren erhalten werden können. Ein Induktionssystem, das auf dem *lux*-Regulon von *V. fischeri* beruht, scheint dafür allerdings nicht geeignet zu sein.

Literaturverzeichnis

Adar, Y.Y. und Ulitzur, S. (1993). GroESL proteins facilitate binding of externally added inducer by LuxR protein containing *Escherichia coli* cells. Journal of Bioluminescence and Chemiluminescence **8**, 261-266.

Adar, Y.Y., Simaan, M. und Ulitzur, S. (1992). Formation of the LuxR protein in the *Vibrio fischeri lux* system is controlled by HtpR through the GroESL proteins. Journal of bacteriology **174**, 7138-7143.

Allison, L.A., Simon, L.D. und Maliga, P. (1996). Deletion of *rpoB* reveals a second distinct transcription system in plastids of higher plants. Embo Journal **15**, 2802-2809.

Baginsky, S., Siddique, A. und Gruissem, W. (2004). Proteome analysis of tobacco bright yellow-2 (BY-2) cell culture plastids as a model for undifferentiated heterotrophic plastids. Journal of proteome research **3**, 1128-1137.

Bainton, N.J., Stead, P., Chhabra, S.R., Bycroft, B.W., Salmond, G.P., Stewart, G.S. und Williams, P. (1992). N-(3-oxohexanoyl)-L-homoserine lactone regulates carbapenem antibiotic production in *Erwinia carotovora*. The Biochemical journal **288 (Pt 3)**, 997-1004.

Baldwin, T.O., Devine, J.H., Heckel, R.C., Lin, J.W. und Shadel, G.S. (1989). The complete nucleotide sequence of the *lux* regulon of *Vibrio fischeri* and the *luxABN* region of *Photobacterium leiognathi* and the mechanism of control of bacterial bioluminescence. Journal of bioluminescence and chemiluminescence **4**, 326-341.

Bally, J., Paget, E., Droux, M., Job, C., Job, D. und Dubald, M. (2008). Both the stroma and thylakoid lumen of tobacco chloroplasts are competent for the formation of disulphide bonds in recombinant proteins. Plant biotechnology journal **6**, 46-61.

Barkan, A. (1989). Tissue-dependent plastid RNA splicing in maize: transcripts from four plastid genes are predominantly unspliced in leaf meristems and roots. The Plant cell **1**, 437-445.

Baumgartner, B.J., Rapp, J.C. und Mullet, J.E. (1993). Plastid genes encoding the transcription/ translation apparatus are differentially transcribed early in barley (*Hordeum vulgare*) chloroplast development (evidence for selective stabilization of *psbA* mRNA). Plant physiology **101**, 781-791.

Bendich, A.J. (1987). Why do chloroplasts and mitochondria contain so many copies of their genome? Bioessays **6**, 279-282.

Blowers, A.D., Bogorad, L., Shark, K.B. und Sanford, J.C. (1989). Studies on *Chlamydomonas* chloroplast transformation - foreign DNA can be stably maintained in the chromosome. The Plant cell **1**, 123-132.

Bock, R. (2007). Plastid biotechnology: prospects for herbicide and insect resistance, metabolic engineering and molecular farming. Current opinion in biotechnology **18**, 100-106.

Bock, R. und Maliga, P. (1995). Correct splicing of a group II intron from a chimeric reporter gene transcript in tobacco plastids. Nucleic acids research **23**, 2544-2547.

Boettcher, K.J. und Ruby, E.G. (1995). Detection and quantification of *Vibrio fischeri* autoinducer from symbiotic squid light organs. Journal of bacteriology **177**, 1053-1058.

Boyer, S.K. und Mullet, J.E. (1986). Characterization of *P. sativum* chloroplast *psbA* transcripts produced *in vivo*, *in vitro* and in *Escherichia coli*. Plant molecular biology **6**, 229-243.

Boylan, M., Graham, A.F. und Meighen, E.A. (1985). Functional identification of the fatty acid reductase components encoded in the luminescence operon of *Vibrio fischeri*. Journal of bacteriology **163**, 1186-1190.

Boylan, M., Miyamoto, C., Wall, L., Graham, A. und Meighen, E. (1989). Lux C, D and E Genes of the *Vibrio fischeri* luminescence operon code for the reductase, transferase and synthetase enzymes involved in aldehyde biosynthesis. Photochemistry and Photobiology **49**, 681-688.

Boynton, J.E., Gillham, N.W., Harris, E.H., Hosler, J.P., Johnson, A.M., Jones, A.R., Randolphanderson, B.L., Robertson, D., Klein, T.M., Shark, K.B. und Sanford, J.C. (1988). Chloroplast transformation in *Chlamydomonas* with high-velocity microprojectiles. Science (New York, N.Y **240**, 1534-1538.

Bradford, M.M. (1976). A rapid and sensitive method for the quantitation of microgram quantities of protein utilizing the principle of protein-dye binding. Analytical biochemistry **72**, 248-254.

Brixey, P.J., Guda, C. und Daniell, H. (1997). The chloroplast *psbA* promoter is more efficient in *Escherichia coli* than the T7 promoter for hyperexpression of a foreign protein. Biotechnology Letters **19**, 395-399.

Brunner, C. (1997). Plastomtransformation bei *Nicotiana tabacum* L.: Expression des Reportergens *gusA* nach mRNA-Edierung. Diplomarbeit. In Fakultät für Biologie, Department I (München: Ludwig-Maximilians-Universität).

Buhot, L., Horvath, E., Medgyesy, P. und Lerbs-Mache, S. (2006). Hybrid transcription system for controlled plastid transgene expression. Plant Journal **46**, 700-707.

Bundtzen, S. (2004). Expressionsklonierung von *Arabidopsis halleri* Metalltoleranz-Faktoren in *Schizosaccharomyces pombe*. Diplomarbeit. In Leibniz-Institut für Pflanzenbiochemie, Institut für Pflanzenphysiologie (Halle (Saale): Martin-Luther-Universität Halle-Wittenberg).

Cahoon, A.B., Harris, F.M. und Stern, D.B. (2004). Analysis of developing maize plastids reveals two mRNA stability classes correlating with RNA polymerase type. EMBO reports **5**, 801-806.

Carrer, H., Hockenberry, T.N., Svab, Z. und Maliga, P. (1993). Kanamycin resistance as a selectable marker for plastid transformation in tobacco. Molecular & General Genetics **241**, 49-56.

Cerutti, H., Osman, M., Grandoni, P. und Jagendorf, A.T. (1992). A homolog of *Escherichia coli* RecA protein in plastids of higher plants. Proceedings of the National Academy of Sciences of the United States of America **89**, 8068-8072.

Cerutti, H., Johnson, A.M., Boynton, J.E. und Gillham, N.W. (1995). Inhibition of chloroplast DNA recombination and repair by dominant negative mutants of *Escherichia coli* RecA. Molecular and Cellular Biology **15**, 3003-3011.

Chakrabarti, S.K., Lutz, K.A., Lertwiriyawong, B., Svab, Z. und Maliga, P. (2006). Expression of the *cry9Aa2 B.t.* gene in tobacco chloroplasts confers resistance to potato tuber moth. Transgenic research **15**, 481-488.

Chaudhuri, S., Carrer, H. und Maliga, P. (1995). Site-specific factor involved in the editing of the *psbL* mRNA in tobacco plastids. The EMBO journal **14**, 2951-2957.

Chen, G.G. und Jagendorf, A.T. (1993). Import and assembly of the beta-subunit of chloroplast coupling factor 1 (CF1) into isolated intact chloroplasts. The Journal of biological chemistry **268**, 2363-2367.

Chin, H.G., Kim, G.D., Marin, I., Mersha, F., Evans, T.C., Jr., Chen, L., Xu, M.Q. und Pradhan, S. (2003). Protein trans-splicing in transgenic plant chloroplast: reconstruction of herbicide resistance from split genes. Proceedings of the National Academy of Sciences of the United States of America **100**, 4510-4515.

Cline, K., Werner-Washburne, M., Andrews, J. und Keegstra, K. (1984). Thermolysin is a suitable protease for probing the surface of intact pea chloroplasts. Plant physiology **75**, 675-678.

Cornelissen, M. und Vandewiele, M. (1989). Nuclear transcriptional activity of the tobacco plastid *psbA* promoter. Nucleic acids research **17**, 19-29.

Corrado, G. und Karali, M. (2009). Inducible gene expression systems and plant biotechnology. Biotechnology advances **27**, 733-743.

Craft, J., Samalova, M., Baroux, C., Townley, H., Martinez, A., Jepson, I., Tsiantis, M. und Moore, I. (2005). New pOp/LhG4 vectors for stringent glucocorticoid-dependent transgene expression in Arabidopsis. Plant journal **41**, 899-918.

Daniell, H., Streatfield, S.J. und Wycoff, K. (2001). Medical molecular farming: production of antibodies, biopharmaceuticals and edible vaccines in plants. Trends in plant science **6**, 219-226.

Daniell, H., Vivekananda, J., Nielsen, B.L., Ye, G.N., Tewari, K.K. und Sanford, J.C. (1990). Transient foreign gene expression in chloroplasts of cultured tobacco cells after biolistic delivery of chloroplast vectors. Proceedings of the National Academy of Sciences of the United States of America **87**, 88-92.

De Marchis, F., Wang, Y.X., Stevanato, P., Arcioni, S. und Bellucci, M. (2009). Genetic transformation of the sugar beet plastome. Transgenic research **18**, 17-30.

De Santis-Maciossek, G., Kofer, W., Bock, A., Schoch, S., Maier, R.M., Wanner, G., Rüdiger, W., Koop, H.U. und Herrmann, R.G. (1999). Targeted disruption of the plastid RNA polymerase genes rpoA, B and C1: molecular biology, biochemistry and ultrastructure. Plant journal **18**, 477-489.

Delalande, L., Faure, D., Raffoux, A., Uroz, S., D'Angelo-Picard, C., Elasri, M., Carlier, A., Berruyer, R., Petit, A., Williams, P. und Dessaux, Y. (2005). N-hexanoyl-L-homoserine lactone, a mediator of bacterial quorum-sensing regulation, exhibits plant-dependent stability and may be inactivated by germinating *Lotus corniculatus* seedlings. FEMS microbiology ecology **52**, 13-20.

Demain, A.L. und Vaishnav, P. (2009). Production of recombinant proteins by microbes and higher organisms. Biotechnology advances **27**, 297-306.

Devine, J.H., Countryman, C. und Baldwin, T.O. (1988). Nucleotide-sequence of the *luxR* and *luxI* genes and structure of the primary regulatory region of the *lux* regulon of *Vibrio fischeri* ATCC7744. Biochemistry **27**, 837-842.

Devine, J.H., Shadel, G.S. und Baldwin, T.O. (1989). Identification of the operator of the *lux* regulon from the *Vibrio fischeri* strain ATCC7744. Proceedings of the National Academy of Sciences of the United States of America **86**, 5688-5692.

Dietrich, C. und Maiss, E. (2002). Red fluorescent protein DsRed from *Discosoma* sp. as a reporter protein in higher plants. BioTechniques **32**, 286-291.

Döhr, S. (1995). Untranslatierte Regionen (UTR's) plastidärer Transkripte: Erzeugung von Reportergen-Konstrukten und ihr Einsatz in transienten Expressionsstudien. In Fakultät für Biologie (München: Ludwig-Maximillians-Universität München).

Dolan, K.M. und Greenberg, E.P. (1992). Evidence that GroEL, not sigma-32, is involved in transcriptional regulation of the *Vibrio fischeri* luminescence genes in *Escherichia coli*. Journal of bacteriology **174**, 5132-5135.

Dong, Y.H., Wang, L.H., Xu, J.L., Zhang, H.B., Zhang, X.F. und Zhang, L.H. (2001). Quenching quorum-sensing-dependent bacterial infection by an N-acyl homoserine lactonase. Nature **411**, 813-817.

Dove, A. (2002). Uncorking the biomanufacturing bottleneck. Nature biotechnology **20**, 777-779.

Dovzhenko, A. (2001). Towards plastid transformation in rapedseed (*Brassica napus* L.) and sugarbeet (*Beta vulgaris* L.). Dissertation (München: LMU).

Dovzhenko, A., Bergen, U. und Koop, H.U. (1998). Thin-alginate-layer technique for protoplast culture of tobacco leaf protoplasts: shoot formation in less than two weeks. Protoplasma **204**, 114-118.

Dunlap, P.V. (1989). Regulation of luminescence by cyclic AMP in *cya*-like and *crp*-like mutants of *Vibrio fischeri*. Journal of bacteriology **171**, 1199-1202.

Dunlap, P.V. (1999). Quorum regulation of luminescence in *Vibrio fischeri*. Journal of molecular microbiology and biotechnology **1**, 5-12.

Dunlap, P.V. und Greenberg, E.P. (1985). Control of *Vibrio fischeri* luminescence gene expression in *Escherichia coli* by cyclic AMP and cyclic AMP receptor protein. Journal of bacteriology **164**, 45-50.

Dunlap, P.V. und Greenberg, E.P. (1988). Control of *Vibrio fischeri* lux gene transcription by a cyclic-Amp receptor protein LuxR protein regulatory circuit. Journal of bacteriology **170**, 4040-4046.

Dunlap, P.V. und Greenberg, E.P. (1991). Role of intercellular chemical communication in the *Vibrio fischeri* monocentrid fish symbiosis. Dworkin, M. (Ed.). Microbial Cell-Cell Interactions. Vii+374p. American Society for Microbiology: Washington, D.C., USA. Illus, 219-254.

Eberhard, A. und Schineller, J.B. (2000). Chemical synthesis of bacterial autoinducers and analogs. Bioluminescence and Chemiluminescence **305**, 301-315.

Eberhard, A., Burlingame, A.L., Eberhard, C., Kenyon, G.L., Nealson, K.H. und Oppenheimer, N.J. (1981). Structural identification of autoinducer of *Photobacterium fischeri* luciferase. Biochemistry **20**, 2444-2449.

Egland, K.A. und Greenberg, E.P. (1999). Quorum sensing in *Vibrio fischeri*: elements of the *luxI* promoter. Molecular microbiology **31**, 1197-1204.

Egland, K.A. und Greenberg, E.P. (2000). Conversion of the *Vibrio fischeri* transcriptional activator, LuxR, to a repressor. Journal of bacteriology **182**, 805-811.

Eibl, C., Zou, Z., Beck, a., Kim, M., Mullet, J. und Koop, H.U. (1999). In vivo analysis of plastid *psbA*, *rbcL* and *rpl32* UTR elements by chloroplast transformation: tobacco plastid gene expression is controlled by modulation of transcript levels and translation efficiency. Plant journal **19**, 333-345.

Eisermann, A., Tiller, K. und Link, G. (1990). In vitro transcription and DNA binding characteristics of chloroplast and etioplast extracts from mustard (*Sinapis alba*) indicate differential usage of the *psbA* promoter. Embo Journal **9**, 3981-3987.

Engebrecht, J. und Silverman, M. (1984). Identification of genes and gene products necessary for bacterial bioluminescence. Proceedings of the National Academy of Sciences of the United States of America **81**, 4154-4158.

Engebrecht, J. und Silverman, M. (1987). Nucleotide sequence of the regulatory locus controlling expression of bacterial genes for bioluminescence. Nucleic acids research **15**, 10455-10467.

Engebrecht, J., Nealson, K. und Silverman, M. (1983). Bacterial bioluminescence: isolation and genetic analysis of functions from *Vibrio fischeri*. Cell **32**, 773-781.

Fray, R.G., Throup, J.P., Daykin, M., Wallace, A., Williams, P., Stewart, G.S.A.B. und Grierson, D. (1999). Plants genetically modified to produce N-acylhomoserine lactones communicate with bacteria. Nature biotechnology **17**, 1017-1020.

Fuqua, W.C. und Winans, S.C. (1994). A LuxR-LuxI type regulatory system activates Agrobacterium Ti plasmid conjugal transfer in the presence of a plant tumor metabolite. Journal of bacteriology **176**, 2796-2806.

Gamborg, O.L., Miller, R.A. und Ojima, K. (1968). Nutrient requirements of suspension cultures of soybean root cells. Experimental cell research **50**, 151-158.

Gatenby, A.A., Castleton, J.A. und Saul, M.W. (1981). Expression in *Escherichia coli* of maize and wheat chloroplast genes for large subunit of ribulose bisphosphate carboxylase. Nature **291**, 117-121.

Gietz, R.D. und Woods, R.A. (2002). Transformation of yeast by lithium acetate/single-stranded carrier DNA/polyethylene glycol method. Methods in enzymology **350**, 87-96.

Giga-Hama, Y. und Kumagai, H. (1999). Expression system for foreign genes using the fission yeast *Schizosaccharomyces pombe*. Biotechnology and applied biochemistry **30 (Pt 3)**, 235-244.

Gigot, C., Kopp, M., Schmitt, C. und Milne, R. (1975). Subcellular changes during isolation and culture of tobacco mesophyll protoplasts. Protoplasma **84**, 31-41.

Golds, T., Maliga, P. und Koop, H.U. (1993). Stable plastid transformation in PEG-treated protoplasts of *Nicotiana tabacum*. Bio/Technology **11**, 95-97.

Goldschmidt-Clermont, M. (1991). Transgenic expression of aminoglycoside adenine transferase in the chloroplast: a selectable marker for sitedirected transformation of Chlamydomonas. Nucleic acids research **19**, 4083-4089.

Götz, C., Fekete, A., Gebefuegi, I., Forczek, S.T., Fuksova, K., Li, X., Englmann, M., Gryndler, M., Hartmann, A., Matucha, M., Schmitt-Kopplin, P. und Schröder, P. (2007). Uptake, degradation and chiral discrimination of N-acyl-D/L-homoserine lactones by barley (*Hordeum vulgare*) and yam bean (*Pachyrhizus erosus*) plants. Analytical and bioanalytical chemistry **389**, 1447-1457.

Gruissem, W. und Tonkyn, J.C. (1993). Control mechanisms of plastid gene expression. Crit. Rev. Plant Sci. **12**, 19-55.

Hajdukiewicz, P.T.J., Allison, L.A. und Maliga, P. (1997). The two RNA polymerases encoded by the nuclear and the plastid compartments transcribe distinct groups of genes in tobacco plastids. Embo journal **16**, 4041-4048.

Hanzelka, B.L. und Greenberg, E.P. (1995). Evidence that the N-terminal region of the *Vibrio fischeri* LuxR protein constitutes an autoinducer binding domain. Journal of bacteriology **177**, 815-817.

Haydu, Z., Lazar, G. und Dudits, D. (1977). Increased frequency of polyethylene glycol induced protoplast fusion by dimethylsulfoxide. Plant science letters **10**, 357--360.

Hayes, R., Kudla, J., Schuster, G., Gabay, L., Maliga, P. und Gruissem, W. (1996). Chloroplast mRNA 3'-end processing by a high molecular weight protein complex is regulated by nuclear encoded RNA binding proteins. Embo Journal **15**, 1132-1141.

Hennig, A., Bonfig, K., Roitsch, T. und Warzecha, H. (2007). Expression of the recombinant bacterial outer surface protein A in tobacco chloroplasts leads to thylakoid localization and loss of photosynthesis. Febs Journal **274**, 5749-5758.

Herz, S., Fussl, M., Steiger, S. und Koop, H.U. (2005). Development of novel types of plastid transformation vectors and evaluation of factors controlling expression. Transgenic research **14**, 969-982.

Hildebrand, M., Hallick, R.B., Passavant, C.W. und Bourque, D.P. (1988). Trans-splicing in chloroplasts: the *rps 12* loci of *Nicotiana tabacum*. Proceedings of the National Academy of Sciences of the United States of America **85**, 372-376.

Hill, J.E., Penny, S.L., Crowell, K.G., Goh, S.H. und Hemmingsen, S.M. (2004). cpnDB: A chaperonin sequence database. Genome Research **14**, 1669-1675.

Ho, S.N., Hunt, H.D., Horton, R.M., Pullen, J.K. und Pease, L.R. (1989). Site-directed mutagenesis by overlap extension using the polymerase chain reaction. Gene **77**, 51-59.

Huang, F.C., Klaus, S.M., Herz, S., Zou, Z., Koop, H.U. und Golds, T.J. (2002). Efficient plastid transformation in tobacco using the *aphA-6* gene and kanamycin selection. Molecular Genetics and Genomics **268**, 19-27.

Iamtham, S. und Day, A. (2000). Removal of antibiotic resistance genes from transgenic tobacco plastids. Nature biotechnology **18**, 1172-1176.

Igloi, G.L. und Kössel, H. (1992). The transcriptional apparatus of chloroplasts. Crit. Rev. Plant Sci. **10**, 525-558.

Inada, H., Seki, M., Morikawa, H., Nishimura, M. und Iba, K. (1997). Existence of three regulatory regions each containing a highly conserved motif in the promoter of plastid-encoded RNA polymerase gene (*rpoB*). Plant Journal **11**, 883-890.

Inoue, H., Nojima, H. und Okayama, H. (1990). High efficiency transformation of *Escherichia coli* with plasmids. Gene **96**, 23-28.

Isaacs, F.J., Dwyer, D.J., Ding, C.M., Pervouchine, D.D., Cantor, C.R. und Collins, J.J. (2004). Engineered riboregulators enable post-transcriptional control of gene expression. Nature biotechnology **22**, 841-847.

Ishida, H., Yoshimoto, K., Izumi, M., Reisen, D., Yano, Y., Makino, A., Ohsumi, Y., Hanson, M.R. und Mae, T. (2008). Mobilization of rubisco and stroma-localized fluorescent proteins of chloroplasts to the vacuole by an ATG gene-dependent autophagic process. Plant Physiology **148**, 142-155.

Jach, G., Binot, E., Frings, S., Luxa, K. und Schell, J. (2001). Use of red fluorescent protein from *Discosoma* sp. (dsRED) as a reporter for plant gene expression. Plant Journal **28**, 483-491.

Jefferson, R.A., Burgess, S.M. und Hirsh, D. (1986). beta-glucuronidase from *Escherichia coli* as a gene-fusion marker. Proceedings of the National Academy of Sciences of the United States of America **83**, 8447-8451.

Jefferson, R.A., Kavanagh, T.A. und Bevan, M.W. (1987). GUS fusions: beta-glucuronidase as a sensitive and versatile gene fusion marker in higher plants. The EMBO journal **6**, 3901-3907.

Kaplan, H.B. und Greenberg, E.P. (1985). Diffusion of autoinducer is involved in regulation of the *Vibrio fischeri* luminescence system. Journal of bacteriology **163**, 1210-1214.

Karg, S.R. und Kallio, P.T. (2009). The production of biopharmaceuticals in plant systems. Biotechnology Advances **27**, 879-894.

Kato, K., Marui, T., Kasai, S. und Shinmyo, A. (2007). Artificial control of transgene expression in *Chlamydomonas reinhardtii* chloroplast using the *lac* regulation system from *Escherichia coli*. Journal of bioscience and bioengineering **104**, 207-213.

Kavanagh, T.A., Thanh, N.D., Lao, N.T., McGrath, N., Peter, S.O., Horvath, E.M., Dix, P.J. und Medgyesy, P. (1999). Homeologous plastid DNA transformation in tobacco is mediated by multiple recombination events. Genetics **152**, 1111-1122.

Kim, M., Thum, K.E., Morishige, D.T. und Mullet, J.E. (1999). Detailed architecture of the barley chloroplast *psbD-psbC* blue light-responsive promoter. The Journal of biological chemistry **274**, 4684-4692.

Klösgen, R.B. und Weil, J.H. (1991). Subcellular location and expression level of a chimeric protein consisting of the maize waxy transit peptide and the beta-glucuronidase of *Escherichia coli* in transgenic potato plants. Molecular & General Genetics **225**, 297-304.

Köhler, R.H. und Hanson, M.R. (2000). Plastid tubules of higher plants are tissue-specific and developmentally regulated. Journal of cell science **113 (Pt 1)**, 81-89.

Koller, B., Fromm, H., Galun, E. und Edelman, M. (1987). Evidence for in vivo trans splicing of pre-mRNAs in tobacco chloroplasts. Cell **48**, 111-119.

Koop, H.U., Herz, S., Golds, T. und Nickelsen, J. (2007). The genetic transformation of plastids. In Cell and Molecular Biology of Plastids, R. Bock, ed (Topics Curr. Genet. 20), pp. 457-510.

Koop, H.U., Steinmuller, K., Wagner, H., Rossler, C., Eibl, C. und Sacher, L. (1996). Integration of foreign sequences into the tobacco plastome via polyethylene glycol-mediated protoplast transformation. Planta **199**, 193-201.

Kosugi, S., Ohashi, Y., Nakajima, K. und Arai, Y. (1990). An improved assay for beta-glucuronidase in transformed cells: Methanol almost completely suppresses a putative endogenous beta-glucuronidase activity. Plant Science **70**, 133-140.

Krause, K., Maier, R.M., Kofer, W., Krupinska, K. und Herrmann, R.G. (2000). Disruption of plastid-encoded RNA polymerase genes in tobacco: expression of only a distinct set of genes is not based on selective transcription of the plastid chromosome. Molecular & General Genetics **263**, 1022-1030.

Kunnimalaiyaan, M. und Nielsen, B.L. (1997). Fine mapping of replication origins (*ori A* and *ori B*) in *Nicotiana tabacum* chloroplast DNA. Nucleic acids research **25**, 3681-3686.

Kuroda, H. und Maliga, P. (2001). Sequences downstream of the translation initiation codon are important determinants of translation efficiency in chloroplasts. Plant Physiol **125**, 430-436.

Larsson, C. (1994). Isolation of highly purified intact chloroplasts and of multiorganelle complexes containing chloroplasts. Methods in enzymology **228**, 419-424.

Leadbetter, J.R. und Greenberg, E.P. (2000). Metabolism of acyl-homoserine lactone quorum sensing signals by *Variovorax paradoxus*. Journal of bacteriology **182**, 6921-6926.

Lee, K.H. und Ruby, E.G. (1992). Detection of the light organ symbiont, *Vibrio fischeri*, in hawaiian seawater by using *lux* gene probes. Applied and Environmental Microbiology **58**, 942-947.

Leelavathi, S. und Reddy, V.S. (2003). Chloroplast expression of His-tagged GUS-fusions: a general strategy to overproduce and purify foreign proteins using transplastomic plants as bioreactors. Molecular Breeding **11**, 49-58.

Legen, J., Kemp, S., Krause, K., Profanter, B., Herrmann, R.G. und Maier, R.M. (2002). Comparative analysis of plastid transcription profiles of entire plastid chromosomes from tobacco attributed to wild-type and PEP-deficient transcription machineries. Plant Journal **31**, 171-188.

Lentz, E.M., Segretin, M.E., Morgenfeld, M.M., Wirth, S.A., Dus Santos, M.J., Mozgovoj, M.V., Wigdorovitz, A. und Bravo-Almonacid, F.F. (2010). High expression level of a foot and mouth disease virus epitope in tobacco transplastomic plants. Planta **231**, 387-395.

Lerbs-Mache, S. (1993). The 110 kDa polypeptide of spinach plastid DNA-dependent RNA polymerase: single-subunit enzyme or catalytic core of multimeric enzyme complexes? Proceedings of the National Academy of Sciences of the United States of America **90**, 5509-5513.

Liere, K. und Link, G. (1994). Structure and expression characteristics of the chloroplast DNA region containing the split gene for tRNA(Gly) (UCC) from mustard (*Sinapis alba* L.). Current genetics **26**, 557-563.

Lilley, R., Fitzgerald, M.P., Rienitz, K.G. und Walker, D.A. (1975). Criteria of intactness and the photosynthetic activity of spinach chloroplast preparations. The New phytologist **75**, 1-10.

Lilly, J.W., Havey, M.J., Jackson, S.A. und Jiang, J.M. (2001). Cytogenomic analyses reveal the structural plasticity of the chloroplast genome in higher plants. The Plant cell **13**, 245-254.

Lin, Y.H., Xu, J.L., Hu, J.Y., Wang, L.H., Ong, S.L., Leadbetter, J.R. und Zhang, L.H. (2003). Acyl-homoserine lactone acylase from *Ralstonia* strain XJ12B represents a novel and potent class of quorum-quenching enzymes. Molecular microbiology **47**, 849-860.

Link, G. (1994). Plastid differentiation: organelle promoters and transcription factors. In Plant Promoters and Transcription Factors: Results and Problems in Cell Differentiation, L. Nover, ed. (Berlin: Springer Verlag).

Lithgow, J.K., Wilkinson, A., Hardman, A., Rodelas, B., Wisniewski-Dye, F., Williams, P. und Downie, J.A. (2000). The regulatory locus *cinRI* in *Rhizobium leguminosarum* controls a network of quorum sensing loci. Molecular microbiology **37**, 81-97.

Lössl, A., Eibl, C., Harloff, H.J., Jung, C. und Koop, H.U. (2003). Polyester synthesis in transplastomic tobacco (*Nicotiana tabacum* L.): significant contents of polyhydroxybutyrate are associated with growth reduction. Plant cell reports **21**, 891-899.

Lössl, A., Bohmert, K., Harloff, H., Eibl, C., Mühlbauer, S. und Koop, H.U. (2005). Inducible trans-activation of plastid transgenes: expression of the *R. eutropha phb* operon in transplastomic tobacco. Plant & cell physiology **46**, 1462-1471.

Lugo, S.K., Kunnimalaiyaan, M., Singh, N.K. und Nielsen, B.L. (2004). Required sequence elements for chloroplast DNA replication activity in vitro and in electroporated chloroplasts. Plant Science **166**, 151-161.

Mäe, A., Montesano, M., Koiv, V. und Palva, E.T. (2001). Transgenic plants producing the bacterial pheromone N-acyl-homoserine lactone exhibit enhanced resistance to the bacterial phytopathogen *Erwinia carotovora*. Molecular Plant-Microbe Interactions **14**, 1035-1042.

Magee, A.M. und Kavanagh, T.A. (2002). Plastid genes transcribed by the nucleus-encoded plastid RNA polymerase show increased transcript accumulation in transgenic plants expressing a chloroplast-localized phage T7 RNA polymerase. Journal of experimental botany **53**, 2341-2349.

Magee, A.M., Horvath, E.M. und Kavanagh, T.A. (2004a). Pre-screening plastid transgene expression cassettes in Escherichia coli may be unreliable as a predictor of expression levels in chloroplast-transformed plants. Plant Science **166**, 1605-1611.

Magee, A.M., MacLean, D., Gray, J.C. und Kavanagh, T.A. (2007). Disruption of essential plastid gene expression caused by T7 RNA polymerase-mediated transcription of plastid transgenes during early seedling development. Transgenic research **16**, 415-428.

Magee, A.M., Coyne, S., Murphy, D., Horvath, E.M., Medgyesy, P. und Kavanagh, T.A. (2004b). T7 RNA polymerase-directed expression of an antibody fragment transgene in plastids causes a semi-lethal pale-green seedling phenotype. Transgenic research **13**, 325-337.

Maliga, P., Kuroda, H., Corneille, S., Lutz, K., Azhagiri, A.K., Svab, Z., Tregoning, J., Nixon, P. und Dougan, G. (2003). Tobacco chloroplasts as a platform for vaccine production. Plant Biotechnology 2002 and Beyond, 397-400.

Martin, W., Rujan, T., Richly, E., Hansen, A., Cornelsen, S., Lins, T., Leister, D., Stoebe, B., Hasegawa, M. und Penny, D. (2002). Evolutionary analysis of Arabidopsis, cyanobacterial, and chloroplast genomes reveals plastid phylogeny and thousands of cyanobacterial genes in the nucleus. Proceedings of the National Academy of Sciences of the United States of America **99**, 12246-12251.

Martinez-Atienza, J., Van Ingelgem, C., Roef, L. und Maathuis, F.J. (2007). Plant cyclic nucleotide signalling: facts and fiction. Plant Signaling & Behavior **2**, 540-543.

Matz, M.V., Fradkov, A.F., Labas, Y.A., Savitsky, A.P., Zaraisky, A.G., Markelov, M.L. und Lukyanov, S.A. (1999). Fluorescent proteins from nonbioluminescent *Anthozoa* species. Nature biotechnology **17**, 969-973.

McBride, K.E., Schaaf, D.J., Daley, M. und Stalker, D.M. (1994). Controlled expression of plastid transgenes in plants based on a nuclear DNA-encoded and plastid-targeted T7 RNA polymerase. Proceedings of the National Academy of Sciences of the United States of America **91**, 7301-7305.

McCullough, A.J., Kangasjarvi, J., Gengenbach, B.G. und Jones, R.J. (1992). Plastid DNA in developing maize endosperm : genome structure, methylation and transcript accumulation patterns. Plant Physiology **100**, 958-964.

Melkonian, M. (1996). Systematics and evolution of the algae: Endocytobiosis and evolution of the major algal lineages. Progress in Botany **58**, 281-311.

Metcalf, W.W. und Wanner, B.L. (1993). Construction of new beta-glucuronidase cassettes for making transcriptional fusions and their use with new methods for allele replacement. Gene **129**, 17-25.

Miyazawa, Y., Sakai, A., Miyagishima, S., Takano, H., Kawano, S. und Kuroiwa, T. (1999). Auxin and cytokinin have opposite effects on amyloplast development and the expression of starch synthesis genes in cultured Bright Yellow-2 tobacco cells. Plant Physiology **121**, 461-469.

Moore, I., Samalova, M. und Kurup, S. (2006). Transactivated and chemically inducible gene expression in plants. Plant Journal **45**, 651-683.

Moreira, D., Le Guyader, H. und Philippe, H. (2000). The origin of red algae and the evolution of chloroplasts. Nature **405**, 69-72.

Mühlbauer, S.K. und Koop, H.U. (2005). External control of transgene expression in tobacco plastids using the bacterial *lac* repressor. Plant Journal **43**, 941-946.

Murashige, T. und Skoog, F. (1962). A revised medium for rapid growth and bio assays with tobacco tissue cultures. Physiologia Plantarum **15**, 473-497.

Murray, M.G. und Thompson, W.F. (1980). Rapid isolation of high molecular weight plant DNA. Nucleic acids research **8**, 4321-4325.

Nadai, M., Bally, J., Vitel, M., Job, C., Tissot, G., Botterman, J. und Dubald, M. (2009). High-level expression of active human alpha1-antitrypsin in transgenic tobacco chloroplasts. Transgenic research **18**, 173-183.

Nagata, T. und Takebe, I. (1971). Plating of isolated tobacco mesophyll protoplasts on agar medium. Planta **99**, 12-20.

Nealson, K.H., Platt, T. und Hastings, J.W. (1970). Cellular control of the synthesis and activity of the bacterial luminescent system. Journal of bacteriology **104**, 313-322.

Negrutiu, I., Dewulf, J., Pietrzak, M., Botterman, J., Rietveld, E., Wurzer-Figurelli, E.M., Ye, D. und Jacobs, M. (1990). Hybrid genes in the analysis of transformation conditions: II. Transient expression vs stable transformation - analysis of parameters influencing gene expression levels and transformation efficiency. Physiologia Plantarum **79**, 197-205.

Newton, R.P. und Smith, C.J. (2004). Cyclic nucleotides. Phytochemistry **65**, 2423-2437.

Oey, M., Lohse, M., Kreikemeyer, B. und Bock, R. (2008). Exhaustion of the chloroplast protein synthesis capacity by massive expression of a highly stable protein antibiotic. Plant Journal **57**, 436-445.

Oldenburg, D.J. und Bendich, A.J. (2004). Most chloroplast DNA of maize seedlings in linear molecules with defined ends and branched forms. Journal of molecular biology **335**, 953-970.

Padidam, M. (2003). Chemically regulated gene expression in plants. Current Opinion in Plant Biology **6**, 169-177.

Pschyrembel, W. (2007). Pschyrembel - Klinisches Wörterbuch. (Pschyrembel, W.).

Quesada-Vargas, T., Ruiz, O.N. und Daniell, H. (2005). Characterization of heterologous multigene operons in transgenic chloroplasts: transcription, processing and translation. Plant Physiology **138**, 1746-1762.

Reddy, V.S., Leelavathi, S., Selvapandiyan, A., Raman, R., Giovanni, F., Shukla, V. und Bhatnagar, R.K. (2002). Analysis of chloroplast transformed tobacco plants with *cry1Ia5* under rice *psbA* transcriptional elements reveal high level expression of *Bt* toxin without imposing yield penalty and stable inheritance of transplastome. Molecular Breeding **9**, 259-269.

Rigano, M.M., Carmela, M., Anna, G., Emanuela, P., Maria, C., Concetta, C., Antonino Di, C., Giuseppe, I., Paola, B., Carlo De Giuli, M., Luigi, M., Alessandro, V. und Teodoro, C. (2009). Transgenic chloroplasts are efficient sites for high-yield production of the vaccinia virus envelope protein A27L in plant cells. Plant biotechnology journal **7**, 577-591.

Robinson, S.P. (1987). Separation of chloroplasts and cytosol from protoplasts. Methods in enzymology **148**, 189-194.

Rogalski, M., Ruf, S. und Bock, R. (2006). Tobacco plastid ribosomal protein S18 is essential for cell survival. Nucleic acids research **34**, 4537-4545.

Ruby, E.G. (1996). Lessons from a cooperative, bacterial-animal association: the *Vibrio fischeri-Euprymna scolopes* light organ symbiosis. Annual review of microbiology **50**, 591-624.

Ruby, E.G., Greenberg, E.P. und Hastings, J.W. (1980). Planktonic Marine Luminous Bacteria: Species Distribution in the Water Column. Appl Environ Microbiol **39**, 302-306.

Ruby, E.G., Urbanowski, M., Campbell, J., Dunn, A., Faini, M., Gunsalus, R., Lostroh, P., Lupp, C., McCann, J., Millikan, D., Schaefer, A., Stabb, E., Stevens, A., Visick, K.,

Whistler, C. und Greenberg, E.P. (2005). Complete genome sequence of *Vibrio fischeri*: A symbiotic bacterium with pathogenic congeners. Proceedings of the National Academy of Sciences of the United States of America **102**, 3004-3009.

Ruf, S., Karcher, D. und Bock, R. (2007). Determining the transgene containment level provided by chloroplast transformation. Proceedings of the National Academy of Sciences of the United States of America **104**, 6998-7002.

Sambrook, J., Fritsch, E.F. und Maniatis, T. (1989). Molecular cloning: a laboratory manual (second edition). (Cold Spring Harbor, New York: Cold Spring Harbor Laboratory Press).

Schäfer, A.L., Hanzelka, B.L., Parsek, M.R. und Greenberg, E.P. (2000). Detection, purification, and structural elucidation of the acylhomoserine lactone inducer of *Vibrio fischeri* luminescence and other related molecules. In Bioluminescence and Chemiluminescence (San Diego: Academic Press Inc), pp. 288-301.

Scharff, L.B. und Koop, H.U. (2006). Linear molecules of tobacco ptDNA end at known replication origins and additional loci. Plant molecular biology **62**, 611-621.

Scharff, L.B. und Koop, H.U. (2007). Targeted inactivation of the tobacco plastome origins of replication A and B. Plant Journal **50**, 782-794.

Schripsema, J., deRudder, K.E.E., vanVliet, T.B., Lankhorst, P.P., deVroom, E., Kijne, J.W. und vanBrussel, A.A.N. (1996). Bacteriocin *small* of *Rhizobium leguminosarium* belongs to the class of N-acyl-L-homoserine lactone molecules, known as autoinducers and as quorum sensing co-transcription factors. Journal of bacteriology **178**, 366-371.

Scotti, N., Alagna, F., Ferraiolo, E., Formisano, G., Sannino, L., Buonaguro, L., De Stradis, A., Vitale, A., Monti, L., Grillo, S., Buonaguro, F.M. und Cardi, T. (2009). High-level expression of the HIV-1 Pr55(gag) polyprotein in transgenic tobacco chloroplasts. Planta **229**, 1109-1122.

Seki, M., Shigemoto, N., Sugita, M., Sugiura, M., Koop, H.U., Irifune, K. und Morikawa, H. (1995). Transient expression of beta-glucuronidase in plastids of various plant cells and tissue delivered by a pneumatic particle gun. Journal of Plant Research **108**, 235-240.

Shadel, G.S. und Baldwin, T.O. (1991). The *Vibrio fischeri* LuxR protein is capable of bidirectional stimulation of transcription and both positive and negative regulation of the LuxR gene. Journal of bacteriology **173**, 568-574.

Shadel, G.S. und Baldwin, T.O. (1992). Identification of a distantly located regulatory element in the LuxD gene required for negative autoregulation of the *Vibrio fischeri* LuxR gene. Journal of Biological Chemistry **267**, 7690-7695.

Shadel, G.S., Devine, J.H. und Baldwin, T.O. (1990). Control of the *lux* regulon of *Vibrio fischeri*. Journal of Bioluminescence and Chemiluminescence **5**, 99-106.

Shiina, T., Allison, L. und Maliga, P. (1998). *rbcL* transcript levels in tobacco plastids are independent of light: reduced dark transcription rate is compensated by increased mRNA stability. The Plant cell **10**, 1713-1722.

Shimada, H. und Sugiura, M. (1991). Fine structural features of the chloroplast genome: comparison of the sequenced chloroplast genomes. Nucleic acids research **19**, 983-995.

Shinozaki, K., Ohme, M., Tanaka, M., Wakasugi, T., Hayashida, N., Matsubayashi, T., Zaita, N., Chunwongse, J., Obokata, J., Yamaguchi-Shinozaki, K., Ohto, C., Torazawa, K., Meng, B.Y., Sugita, M., Deno, H., Kamogashira, T., Yamada, K., Kusuda, J., Takaiwa, F., Kato, A., Tohdoh, N., Shimada, H. und Sugiura, M. (1986). The complete nucleotide sequence of the tobacco chloroplast genome: its gene organization and expression. The EMBO journal **5**, 2043-2049.

Sjolund, R.D. und Weier, T.E. (1971). An ultrastructural study of chloroplast structure and dedifferentiation in tissue cultures of *Streptanthus tortuosus* (Cruciferae). American Journal of Botany **58**, 172-181.

Soni, R., Carmichael, J.P. und Murray, J.A. (1993). Parameters affecting lithium acetate-mediated transformation of Saccharomyces cerevisiae and development of a rapid and simplified procedure. Current genetics **24**, 455-459.

Spencer, D. (1965). Protein synthesis by isolated spinach chloroplasts. Archives of biochemistry and biophysics **111**, 381-390.

Spörlein, B., Streubel, M., Dahlfeld, G., Westhoff, P. und Koop, H.U. (1991). PEG-mediated plastid transformation - a new system for transient gene expression assays in chloroplasts. Theoretical and Applied Genetics **82**, 717-722.

Staub, J.M. und Maliga, P. (1993). Accumulation of D1 polypeptide in tobacco plastids is regulated via the untranslated region of the psbA messenger RNA. Embo Journal **12**, 601-606.

Staub, J.M. und Maliga, P. (1995). Expression of a chimeric uidA gene indicates that polycistronic messenger-RNAs are efficiently translated in tobacco plastids. Plant Journal **7**, 845-848.

Staub, J.M., Garcia, B., Graves, J., Hajdukiewicz, P.T., Hunter, P., Nehra, N., Paradkar, V., Schlittler, M., Carroll, J.A., Spatola, L., Ward, D., Ye, G. und Russell, D.A. (2000). High-yield production of a human therapeutic protein in tobacco chloroplasts. Nature biotechnology **18**, 333-338.

Stern, D.B. und Gruissem, W. (1987). Control of plastid gene expression: 3' inverted repeats act as mRNA processing and stabilizing elements, but do not terminate transcription. Cell **51**, 1145-1157.

Stevens, A.M. und Greenberg, E.P. (1997). Quorum sensing in Vibrio fischeri: Essential elements for activation of the luminescence genes. Journal of bacteriology **179**, 557-562.

Stevens, A.M., Dolan, K.M. und Greenberg, E.P. (1994). Synergistic binding of the Vibrio fischeri LuxR transcriptional activator domain and RNA polymerase to the lux promoter region. Proceedings of the National Academy of Sciences of the United States of America **91**, 12619-12623.

Sugiura, M., Hirose, T. und Sugita, M. (1998). Evolution and mechanism of translation in chloroplasts. Annual review of genetics **32**, 437-459.

Surette, M.G., Miller, M.B. und Bassler, B.L. (1999). Quorum sensing in Escherichia coli, Salmonella typhimurium, and Vibrio harveyi: A new family of genes responsible for autoinducer production. Proceedings of the National Academy of Sciences of the United States of America **96**, 1639-1644.

Suzuki, J.Y., Sriraman, P., Svab, Z. und Maliga, P. (2003). Unique architecture of the plastid ribosomal RNA operon promoter recognized by the multisubunit RNA polymerase in tobacco and other higher plants. The Plant cell **15**, 195-205.

Svab, Z. und Maliga, P. (1993). High-frequency plastid transformation in tobacco by selection for a chimeric aadA gene. Proceedings of the National Academy of Sciences of the United States of America **90**, 913-917.

Svab, Z. und Maliga, P. (2007). Exceptional transmission of plastids and mitochondria from the transplastomic pollen parent and its impact on transgene containment. Proceedings of the National Academy of Sciences of the United States of America **104**, 7003-7008.

Svab, Z., Hajdukiewicz, P. und Maliga, P. (1990). Stable transformation of plastids in higher plants. Proceedings of the National Academy of Sciences of the United States of America **87**, 8526-8530.

Synkova, H., Schnablova, R., Polanska, L., Husak, M., Siffel, P., Vacha, F., Malbeck, J., Machackova, I. und Nebesarova, J. (2006). Three-dimensional reconstruction of anomalous chloroplasts in transgenic ipt tobacco. Planta **223**, 659-671.

Takebe, I., Labib, G. und Melchers, G. (1971). Regeneration of whole plants from isolated mesophyll protoplasts of tobacco. Naturwissenschaften **58**, 318-320.

Thanavala, Y., Huang, Z. und Mason, H.S. (2006). Plant-derived vaccines: a look back at the highlights and a view to the challenges on the road ahead. Expert Review of Vaccines **5**, 249-260.

Thomas, M.D. und van Tilburg, A. (2000). Overexpression of foreign proteins using the *Vibrio fischeri lux* control system. Methods in enzymology **305**, 315-329.

Thomas, M.R. und Rose, R.J. (1983). Plastid number and plastid structural changes associated with tobacco mesophyll protoplast culture and plant regeneration. Planta **158**, 329-338.

Thompson, M.R., Douglas, T.J., Obata-Sasamoto, H. und Thorpe, T.A. (1986). Mannitol metabolism in cultured plant cells. Physiologia Plantarum **67**, 365-369.

To, K.Y., Cheng, M.C., Chen, L.F. und Chen, S.C. (1996). Introduction and expression of foreign DNA in isolated spinach chloroplasts by electroporation. Plant Journal **10**, 737-743.

Tohdoh, N., Shinozaki, K. und Sugiura, M. (1981). Sequence of a putative promoter region for the rRNA genes of tobacco chloroplast DNA. Nucleic acids research **9**, 5399-5406.

Tregoning, J.S., Nixon, P., Kuroda, H., Svab, Z., Clare, S., Bowe, F., Fairweather, N., Ytterberg, J., van Wijk, K.J., Dougan, G. und Maliga, P. (2003). Expression of tetanus toxin Fragment C in tobacco chloroplasts. Nucleic acids research **31**, 1174-1179.

Tungsuchat, T., Kuroda, H., Narangajavana, J. und Maliga, P. (2006). Gene activation in plastids by the CRE site-specific recombinase. Plant molecular biology **61**, 711-718.

Urbanczyk, H., Ast, J.C., Higgins, M.J., Carson, J. und Dunlap, P.V. (2007). Reclassification of *Vibrio fischeri, Vibrio logei, Vibrio salmonicida* and *Vibrio wodanis* as *Aliivibrio fischeri* gen. nov., comb. nov., *Aliivibrio logei* comb. nov., *Aliivibrio salmonicida* comb. nov and *Aliivibrio wodanis* comb. nov. Int. J. Syst. Evol. Microbiol. **57**, 2823-2829.

Urbanowski, M.L., Lostroh, C.P. und Greenberg, E.P. (2004). Reversible acyl-homoserine lactone binding to purified *Vibrio fischeri* LuxR protein. Journal of bacteriology **186**, 631-637.

Uroz, S., D'Angelo-Picard, C., Carlier, A., Elasri, M., Sicot, C., Petit, A., Oger, P., Faure, D. und Dessaux, Y. (2003). Novel bacteria degrading N-acylhomoserine lactones and their use as quenchers of quorum sensing regulated functions of plant-pathogenic bacteria. Microbiology (Reading, England) **149**, 1981-1989.

Usui, H. und Takebe, I. (1969). Division and growth of single mesophyll cells isolated enzymatically from tobacco leaves. Development Growth & Differentiation **11**, 143-&.

Vera, A. und Sugiura, M. (1995). Chloroplast rRNA transcription from structurally different tandem promoters: an additional novel-type promoter. Current genetics **27**, 280-284.

Verma, D. und Daniell, H. (2007). Chloroplast vector systems for biotechnology applications. Plant Physiology **145**, 1129-1143.

Walker, D.A., Cerovic, Z.G. und Robinson, S.P. (1987). Isolation of intact chloroplasts: general principles and criteria of integrity. Methods in enzymology **148**, 145-153.

Waters, C.M. und Bassler, B.L. (2005). Quorum sensing: cell-to-cell communication in bacteria. Annual review of cell and developmental biology **21**, 319-346.

Ye, G.N., Daniell, H. und Sanford, J.C. (1990). Optimization of delivery of foreign DNA into higher-plant chloroplasts. Plant molecular biology **15**, 809-819.

Ye, G.N., Pang, S.Z. und Sanford, J.C. (1996). Tobacco (*Nicotiana tabacum*) nuclear transgenics with high copy number can express NPTII driven by the chloroplast *psbA* promoter. Plant cell reports **15**, 479-483.

Ye, G.N., Hajdukiewicz, P.T.J., Broyles, D., Rodriguez, D., Xu, C.W., Nehra, N. und Staub, J.M. (2001). Plastid-expressed 5-enolpyruvylshikimate-3-phosphate synthase genes provide high level glyphosate tolerance in tobacco. Plant Journal **25**, 261-270.

You, Y.S., Marella, H., Zentella, R., Zhou, Y.Y., Ulmasov, T., Ho, T.H.D. und Quatrano, R.S. (2006). Use of bacterial quorum-sensing components to regulate gene expression in plants. Plant Physiology **140,** 1205-1212.

Yu, Z.W. und Quinn, P.J. (1994). Dimethyl sulphoxide: a review of its applications in cell biology. Bioscience reports **14,** 259-281.

Yukawa, M., Tsudzuki, T. und Sugiura, M. (2005). The 2005 version of the chloroplast DNA sequence from tobacco (*Nicotiana tabacum*). Plant Molecular Biology Reporter **23,** 359-365.

Zenno, S. und Saigo, K. (1994). Identification of the genes encoding NAD(P)H-flavin oxidoreductases that are similar in sequence to *Escherichia coli* Fre in 4 species of luminous bacteria - *Photorhabdus luminescens, Vibrio fischeri, Vibrio harveyi* and *Vibrio orientalis*. Journal of bacteriology **176,** 3544-3551.

Zhang, L.H., Murphy, P.J., Kerr, A. und Tate, M.E. (1993). Agrobacterium conjugation and gene regulation by N-acyl-L-homoserine lactones. Nature **362,** 446-448.

Zhou, F., Badillo-Corona, J.A., Karcher, D., Gonzalez-Rabade, N., Piepenburg, K., Borchers, A.M., Maloney, A.P., Kavanagh, T.A., Gray, J.C. und Bock, R. (2008). High-level expression of human immunodeficiency virus antigens from the tobacco and tomato plastid genomes. Plant biotechnology journal.

Zhu, J. und Winans, S.C. (1999). Autoinducer binding by the quorum-sensing regulator TraR increases affinity for target promoters in vitro and decreases TraR turnover rates in whole cells. Proceedings of the National Academy of Sciences of the United States of America **96,** 4832-4837.

Zoschke, R., Liere, K. und Börner, T. (2007). From seedling to mature plant: arabidopsis plastidial genome copy number, RNA accumulation and transcription are differentially regulated during leaf development. Plant Journal **50,** 710-722.

Zou, Z. (2001). Analysis of cis-acting expression determinants of the tobacco *psbA* 5'UTR *in vivo*. Dissertation (München: LMU).

Zoubenko, O.V., Allison, L.A., Svab, Z. und Maliga, P. (1994). Efficient targeting of foreign genes into the tobacco plastid genome. Nucleic acids research **22,** 3819-3824.

Zubo, Y.O., Yamburenko, M.V., Selivankina, S.Y., Shakirova, F.M., Avalbaev, A.M., Kudryakova, N.V., Zubkova, N.K., Liere, K., Kulaeva, O.N., Kusnetsov, V.V. und Börner, T. (2008). Cytokinin stimulates chloroplast transcription in detached barley leaves. Plant Physiology **148,** 1082-1093.

Danksagung

Die vorliegende Arbeit entstand am Botanischen Institut der Ludwig-Maximilians-Universität München in der Arbeitsgruppe von Prof. Dr. Hans-Ulrich Koop, in Kooperation mit Icon Genetics GmbH, Freising, gefördert von der Bayerischen Forschungsstiftung.

Ulrich Koop danke ich herzlich für die Möglichkeit, das spannende Thema dieser Dissertation in seiner Arbeitsgruppe anfertigen zu dürfen, sowie für seine Unterstützung während der gesamten Zeit.

Herrn Prof. Dr. Jörg Nickelsen danke ich für die Übernahme des Zweitgutachtens.

Prof. Wanner danke ich für die Bearbeitung der elektronenmikroskopischen Proben.

Dr. Stefan Mühlbauer danke ich für die Beratung beim Design und Klonierung der Vektoren, sowie für den Erhalt vieler Vektoren von Icon Genetics.

Marika Hopper danke ich für ihre ausgezeichnete technische Assistenz und die geduldige Kultivierung der zahlreichen transformierten Linien, sowie ihre stets optimistische Sicht bei den endlos erscheinenden Klonierungen. Weiterhin bedanke ich mich bei Stefan Kirchner für das hervorragende Einarbeiten in die pflanzliche Zellkultur und allgemein in die Labortechnik, sowie seine Hilfsbereitschaft.

Mein herzlicher Dank geht an alle früheren und jetzigen Mitarbeiter der AG für die stets positive Gesamtstimmung und das freundschaftliche Verhältnis: Stefan, Lars, Jessica, Uta, Areli, Marika und Christian. Besonders bedanke ich mich bei Areli für die zahlreichen wissenschaftlichen Diskurse und die vielen netten Abende.

Schließlich danke ich Jan für das ausführliche und gründliche Lesen des Skriptes, seine unermüdliche Diskussionsbereitschaft und nicht zuletzt für seine großartige Unterstützung in allen Lebenslagen. Ein großes Dankeschön geht auch an meine Familie und Freunde, die mir stets mit Rat und Tat zur Seite stehen, sowie an meine wundervolle Tochter, die mir so viel Freude bereitet.

I want morebooks!

Buy your books fast and straightforward online - at one of world's fastest growing online book stores! Environmentally sound due to Print-on-Demand technologies.

Buy your books online at
www.morebooks.shop

Kaufen Sie Ihre Bücher schnell und unkompliziert online – auf einer der am schnellsten wachsenden Buchhandelsplattformen weltweit! Dank Print-On-Demand umwelt- und ressourcenschonend produziert.

Bücher schneller online kaufen
www.morebooks.shop

KS OmniScriptum Publishing
Brivibas gatve 197
LV-1039 Riga, Latvia
Telefax: +371 686 204 55

info@omniscriptum.com
www.omniscriptum.com

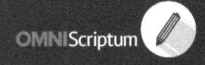

Printed by Books on Demand GmbH, Norderstedt / Germany